无印良品的
舒适居家指南

[日] 株式会社无限知识 著　　娄思未 译

华中科技大学出版社
http://www.hustp.com
中国·武汉

有书至美
BOOK & BEAUTY

目录

102 使用无印良品的省时省力 洗涤技巧

---

104 整理收纳顾问 "cozy-nest细微处着手的生活"

由尾崎友吏子教您 省力的洗涤诀窍

---

staff
书本设计/奥山志乃（细山田设计事务所）
执笔/冊中彰　西泽浩一　藤田奈津津纪（X1）
摄影/尾木司　fort　©OURHOME（P8-15、封面）
印刷厂/SHINANO书籍印刷株式会社
协助/良品计划

前言

想要住在不用费力就可以收拾得干干净净的家里。
即便很忙也能够很轻松地进行打扫，让房间始终保持整洁。
看到衣物上难以清理的污渍，总是想立刻清洗干净。

这些都是我们日常生活中最常见的愿望和烦恼。

如果您拥有了无印良品，
"即便您是一个怕麻烦的人，
也可以轻松搞定房间、家务、时间、日常生活！"
在这本书里，我们将会以最生动的方法，
将那些只有实际使用过的人才知其妙处的日常生活达人们的小贴士，
以及看起来简单但是特别实用的小窍门介绍给大家。
从整理收纳的建议开始，我们咨询了四位享受生活的专家，
并从他们那里了解到了一些宝贵的无印良品使用方法。

具体的使用方法、诀窍，毫无保留地全部揭晓。
如果您从书中发现了中意的方法，请务必尝试一下。
希望从明天开始，
本书有幸可以成为令您的生活更加美好的助力之一。

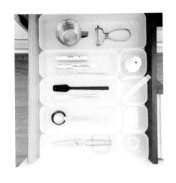  

使用无印良品
打造清爽整洁日常生活的方法

不费力便能收拾整齐，并且一直保持整洁。
为了可以过上清爽的生活，
由日常生活必不可少的道具带来的简单收纳术。

Category | 整理

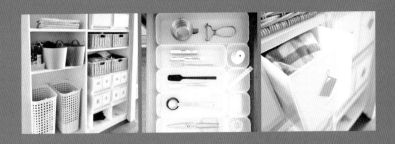

整理收纳顾问
向Emi咨询
收拾和整理的方法

要说保持家中环境整洁的诀窍，我们家的方法就是全家人一起讨论，研究怎么更好地进行收纳

Emi作为大受欢迎的整理收纳顾问的同时，也是一位有着两个八岁孩子的母亲。就算没有孩子，要收拾好一个家也是一件非常困难的事情，如果还想要保持房间的整洁，那么要怎么做呢？

对于那些忙于家务、育儿、工作的人们，接下来Emi会将保持家中整洁的方法教给大家。

"想要一直保持家中整洁的诀窍就是，您需要和您的家人一起研究如何进行收纳。"这点非常重要。乍一看，只是在向家人询问意见，甚至会觉得有点浪费时间？

"即便是面对孩子，您也应该多多交流，'哪里比较好呢？''妈妈觉得这里好像不是很好呢。你觉得哪儿比较好呢？'我觉得就家中的收纳问题和家人进行交流，可以增进家庭成员之间的感情。"如果由家庭成员一起决定收纳的场所的话，那么不但可以让每个人都知道东西放在哪里了，而且会让大家很自然地共有"收纳场所"。一旦决定了收纳的位置，使用过以后就会懂得归位。因为接纳了其他成员的意见，让孩子和丈夫明白了如何自己收拾房间，所以Emi不需要独自承担所有的整理工作，而是全家人共同创造一个舒适的居住环境。

"然后就是'在睡前五分钟计时整理！'等，想一些让大家会觉得兴奋的活动，从而逐渐带动家人对收拾房间的热情！"创造一个全家人一起愉快地收拾房间的环境是重点，这便是Emi的诀窍。

人物简介

曾任职于大型邮购公司，在从事了八年的策划工作以后，以"寻找让我们的家庭生活得更舒适的方法"为创意理念，于2012年成立了OURHOME。现在在"收纳planning"、NHK文化中心等地都有开展收纳研究讲习班。2015年秋，在兵库县西宫市创办了"日常生活的课程工作室"，并且活跃于NHK《ASAICHI》《MARUE》杂志等媒体，开拓了事业。另外，她在2009年诞下了一对龙凤胎。
HP: ourhome305.com
Instagram: @ourhome305
photo ©OURHOME（P8—15、封面）

Emi的全身装备收纳柜大公开

Emi的睡衣

毛巾

一种物品放在一个箱子里是关键

上装

下装

手帕

纸巾

上学用的包

内裤

袜子

不能使用烘干机衣物的洗衣篮

儿童衣服洗衣篮

袜子

内衣

睡衣

女儿的区域

可以使用烘干机衣服的洗衣篮

儿子的区域

即便是怕麻烦的人也可以愉快整理的秘密就是，起一个会令人感到欢欣雀跃的名字。这里我起名为"全身装备收纳柜"

这里采取的是小孩子也可以自己动手参加整理的设计，名为"全身装备收纳柜"，是一个上学时需要使用的东西或者出门时需要用的物品全部可以收纳的空间。"这是我在孩子刚三岁的时候为了培养孩子的动手能力，让他们做到自己的东西自己准备而想出来的方法。"多亏了这个全身装备收纳柜，孩子从上幼儿园的时候就能够做到自己的东西自己准备了！整个柜子采用了孩子也可以轻松使用的设计，那么就赶快进行具体介绍吧。

首先，收纳的原则是"一个盒子一种物品"。一个收纳盒里一定只放入一种物品，不要混放。

做到这一点的话，以后哪里放了什么就可以一目了然了。使用无印良品的"聚乙烯收纳盒"系列就可以做到每个盒子里装入不同的东西，如内衣、袜子、包等，然后在抽屉上贴上绘制抽屉内容的标贴，就非常清楚明了了。而因为使用了图画的标签，所以不论是谁都可以一眼看明白抽屉里装的是什么。

另外，每天都需要穿的衣服可以放入投入式的收纳口中进行收纳。不但取出的时候会很方便，而且有着良好的透气性，所以会更加卫生。

把抽屉抽出，就变成可以直接把东西扔进去的收纳口

为了一眼辨明抽屉里的东西，可以在抽屉外贴上标签

1 将"聚丙烯收纳盒"的抽屉抽出，就变成了投入式收纳口。适合放一些每天都会使用的物品，这样取放都会十分方便

2 一个抽屉只放一种物品，再贴上即便是小孩子也可以看得懂的图案型标贴，这样就再也不会搞错了

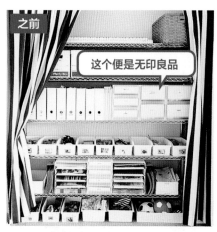

之前

这个便是无印良品

之后

在别的场合
也十分好用

可以将用来收纳文具等物品的"聚丙烯收纳盒"系列置于复印机旁，用来收纳各种文件或者纸张类物品。因为可以根据用途和房间的布局进行各种组合，所以可以灵活地应对日常生活中的各种需求。同样的抽屉，不需要做任何改变便可以派上不同的用场，至于不足的部分，可以通过购买架子来补足

简单的收纳方法必定是由单体构成。因为能够用于各种用途，所以不论在什么房间都可以使用

无印良品的收纳盒在Emi家中作为文件柜也得到了很好的利用。曾经放置了各种资料以及文具而被Emi称为"信息站"的一角，现在也使用上了"聚丙烯收纳盒"系列。为了能够腾出供孩子使用的空间，Emi将家中的各个地方进行了大改造，对这个信息站的内容也做了改变。现在关于孩子的文件和日常生活的资料都会被集中放在这里。"进行改造以后收纳用的盒子也大小正好地被安置在了架子上，真的是太好了。"

为了防止日后改变收纳的用途，在一开始就没有选择连接在一起的柜子，而是特意选择了单体的盒子。

Emi说："因为这种收纳盒是一种可以灵活使用的平面收纳用品，所以可以轻松地进行各种简单的组合。随时随地都可以使用，我个人十分推荐。"

另外，办公室的厨房也有用到"聚丙烯收纳盒"系列的产品。零食、茶叶以及杯子等餐

在各种场合，无印良品的产品都可以很好地发挥作用

高
↑
使用频率
↓
低

办公室的厨房一角也使用了"聚丙烯收纳盒"系列的组合产品。在浅层抽屉里放有茶具、纸盘、垃圾袋等。浅型抽屉的深度恰到好处，即便将物品叠在一起进行收纳也可以一眼看清全部内容。可以用来收纳咖啡等消耗品，以及经常会用到的杯子等物品

1 在和他人享有共同空间的时候，可以在抽屉上贴上标签，这样便可以省去寻找"我的东西在哪？"的时间

2 在收纳数码相机、电池、数据线等杂物类小型物品的抽屉里可以用盒子分隔开来

3 无印良品的抽屉有着恰到好处的深度，即便将各自的茶杯、玻璃杯等同种类的物品叠加收纳也可以轻松取出下层物品

具类，还有垃圾袋等都被分别收纳于各层的抽屉里。不过为什么要进行如此细致的分类和标注，并且一层只放一种物品呢？

Emi解释道："虽然有零食、杯子等各种各样的东西，但是如果收纳在同一个抽屉里，那么即便叠在一起也可以一目了然。"此外，考虑到在那些开会或者聚会的场合，可能会有人提出"需要大量的纸盘子！"这样的要求，届时便可以将装有纸盘子的抽屉整个抽出带过去，这样搬运的过程也会变得十分轻松便利。

那些觉得"没有足够的收纳空间"的人，可以尝试利用抽屉将同样使用时机或者同类用途的物品进行分类收藏。

"例如，'数码相机类'的抽屉里不但有数码相机本身，还收纳有数据线等附属的部件。因为所有数码相机相关的物品都被收纳在这个抽屉，所以即便是其他人使用的时候也不会感到任何不便。"

乍看之下，洗手间里
没有牙膏

1 表面可见的物品很少，整个洗手间
显得十分整洁。可以看到牙刷通
过吸盘被粘在镜子上，但是牙膏
在哪里呢

2 实际上牙膏被挂在了毛巾的内侧位
置。"不锈钢悬挂式钢丝夹 4个
装"（390日元）

3 将牙膏固定收纳在这个位置的话，
使用起来就会更加方便！ 将全家
人的牙膏统一收纳于悬挂的毛巾的
内侧的话，可以防止牙膏在使用
后被随处乱放！ 是妈妈的小智慧

牙膏在
这里

1 图中使用了 "不锈钢不
易横向偏移挂钩 小 2
个装"（350日元），这
样不论哪里都可以挂东西

2 在外出的时候，这种钩子
可以用来悬挂不想置于地
面的袋子等物品，十分便
利。在野外散步或者做运
动的时候可以尝试使用

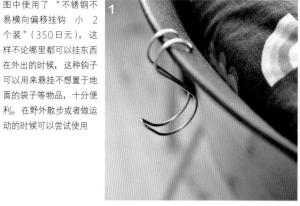

我十分喜爱使用无印良品的文具类产品，总是随身携带着文件夹以及S形的钩子

夹子以及钩子类的产品不但使用起来十分简单，而且可以随身携带。"我们家自从将牙膏用夹子挂起来进行收纳以后，整理的时候变得轻松多了！"Emi拍着胸脯这么说道。悬挂式收纳方法可以防止东西被随便放置，使用过的牙膏在下一次使用的时候也可以很顺利地找到。另外，在外出经常会有需要挂包的时候，这时候钩子就可以派上用场了。

"无印良品的S形钩子在陪同儿子外出踢足球的时候也是常备用品。"为什么陪同踢足球会用

到S形钩子？听起来似乎很不可思议，原来在运动场等地方很难找到适合放包的场所，这时候就需要用钩子将包悬挂起来，这么做的话就不需要担心包因为放在地面上被弄脏了。看来下次出门的时候可以尝试学习一下这个好方法。

此外，Emi还很喜欢使用两孔式的活页夹来保存幼儿园的联络簿。"来好好地做成一本书吧！虽然原本是这么打算的，不过结果还是选择了简单的两孔式活页夹。"正因为是每天都会积存下新的文件，所以更要选择使用起来简便的活页夹。

使用这个可以很轻松地整理同类的文件

1 Emi很爱使用深灰色的"再生纸活页夹"来整理文件，这样可以很轻松地将同种类的文件放在一起进行收纳

2 如果是款式简单大方的灰色文件夹的话，那么即便是和其他相册放在一起也不会显得突兀

3 活页夹内部采用的是两环式设计，即便堆积了大量的资料，只要简单地打上孔便可以整齐地收纳在一起

书籍或者杂志装在盒子里搬运起来格外方便

无印良品出品的文件盒与橡木材质的架子形成了完美的搭配，各种文件资料都可以存放其中。将那些容易遗失的说明书收集到一起放入盒中可以被很好地区分开来，如果放入再生纸架进行进一步区分的话，就完全不用担心文件会被混在一起了。即便是架子中容易积存灰尘的地方，只要将文件盒移开就可以轻松地使用吸尘器进行大扫除了。

书籍或者杂志可以使用木制盒子进行收纳，这样需要的时候可以利用盒子将书一齐搬走，在沙发上愉快地享受幸福的读书时光。日本百元店的附盖盒子和木制材料也十分搭配，所以可以安心地用来布置起居室。

Ameg

3 大型木制格子架

分隔收纳 2

书籍以及杂志

日本百元店的附盖盒子

1 文件

1

聚丙烯文件盒
标准型
A4用
灰白色
约宽10×深32×高24厘米
价格：690日元

2

再生纸架
A4尺寸用
5枚装
价格：190日元

3

大型木制格子架
5行×2列
橡木材质
宽82×深28.5×
高200厘米
价格：32900日元

电视柜的整理需要注意电子类产品的收纳

因为电视柜周围到处都有大量的电子类产品，所以打扫起来十分麻烦。为了方便整理，Emi进行了重新规划，左侧的柜子作为丈夫专用的空间将他的物品都收纳到一起，并且将他的小物品都放入文件盒里一并放置其中。至于那些大型且不常用的电子类产品，可以将电线拔掉收纳于托盘中。只要将盒子和托盘取出，就可以轻松地进行打扫了。

右侧的柜子用来放置那些经常会使用到的遥控器、充电器等，至于零碎的小物品则使用化妆盒来进行收纳。化妆盒的高度并不是很高，不论是什么样的柜子都能够轻松地收纳其中。因为选用了附带隔板的化妆盒，所以文具或者指甲剪等细长的小物品立着放置，可以更方便地寻找并取出使用。Aayumi

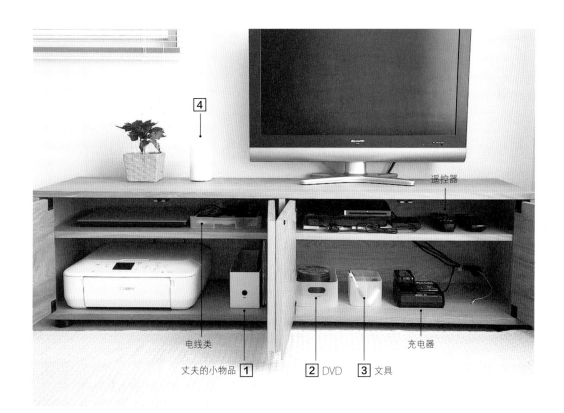

遥控器

电线类

丈夫的小物品 ①   ② DVD   ③ 文具   充电器

---

①
聚丙烯
文件盒
标准型
灰白色　1/2
约宽10×深32×高12厘米
价格：390日元

②
聚丙烯化妆盒1/2
约宽15×深22×高8.6厘米
价格：350日元

③
聚丙烯化妆盒
附隔板　1/2横型
约宽15×深11×高8.6厘米
价格：290日元

④
超声波香薰机11SS
约直径8×高14厘米
（不含凸起部分）
价格：4890日元

收纳玩具要选用易于取放的软盒

在认真观察以后，我发现，如果想要将孩子每次都随处乱丢的玩具很好地进行收纳的话，最好选用孩子也可以轻松使用的收纳盒，而无印良品出品的软盒就是一项不错的选择。因为这款收纳盒使用起来十分便利，孩子也可以轻松地将里面收纳的物品取出，而在玩耍过后又可以很快地将玩具放回到大盒子里去，这样孩子也可以帮忙一起收拾玩具。

左侧是收纳地毯、除尘器以及尿布等物品的不锈钢丝筐，这种不锈钢丝筐只要将把手向内收起便可以进行叠加收纳，并且内部存放的物品也一目了然，使用起来十分便利。

安装在墙壁上的置物架则可以用来放置精油，在使用香薰机的时候可以根据当时的心情来尽情地挑选各种香型。以打造更加舒适的起居室为目标而努力吧！ Ayu.ha0314

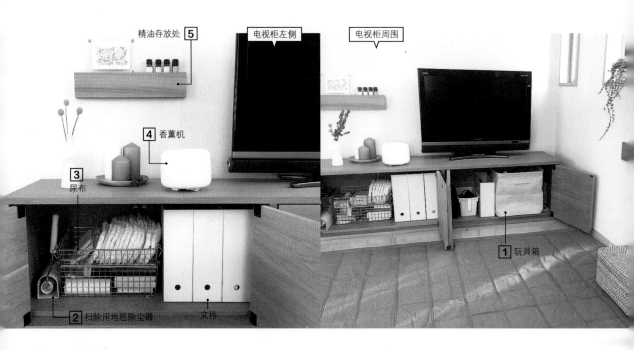

精油存放处 **5**　电视柜左侧　电视柜周围
4 香薰机
3 尿布
2 扫除用地毯除尘器　　文件
1 玩具箱

1
聚酯纤维棉麻混纺
软盒 L
约宽35×深35×高32厘米
价格：1490日元

2
扫除用品系列
地毯除尘器
约宽18.5×直径7.5×高27.5厘米
价格：390日元

3
18-8
不锈钢丝筐3
约宽37×深26×高12厘米
价格：2290日元

4
超声波香薰加湿器
约直径16.8×高12.1厘米
（不含凸起部分）
价格：6890日元

5
壁挂式家具
横板　长44厘米　橡木材质
长44×厚度4×高9厘米
价格：1890日元

使用亚克力分隔架和壁挂式家具放置小型物件可以使房间更加整洁

办公桌上经常会有许多零碎的小物品，如果您想要快速地进行整理的话，推荐选用无印良品出品的文件盒。这种简单便利的文件盒可以轻松地将办公桌周边收拾得整整齐齐。

而需要放置小型物件的时候则可以选用壁挂式家具或者亚克力分隔架，这样完全不会妨碍到办公桌的工作区，可以更加有效地利用整个空间，而且不容易积灰，可以省去不少清洁的时间。

Amayuru.home

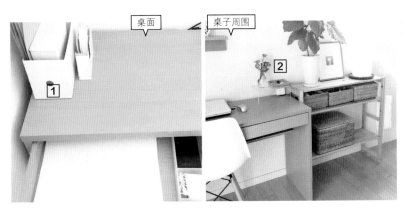

桌面

桌子周围

1 聚丙烯　文件盒
标准型　灰白色　1/2
约宽10×深32×
高12厘米
价格：390日元

2 亚克力分隔架
约宽26×深17.5×
高10厘米
价格：590日元

将缝纫工具放于钢制工具箱便可以轻松地取用

因为感觉做工结实的钢制工具箱可以用来存放缝纫工具，所以便尝试着拿来用了，结果十分便利。工具箱整体尺寸不大，所以即便只是稍微需要使用的时候也可以很轻松地拿出来。相信类似的物品作为工具箱也会十分适用。

Anika

钢制工具箱1
约宽20×深11×
高6厘米
价格：1190日元

利用挂钩制造的袋装收纳场所最适合放置随机出现的物品

租借来的书本或者CD、读到一半的书籍等都可以放到袋子中用挂钩挂起来。将那些不定期出现的物品放置于固定的地方，可以避免在需要的时候四处寻找的情况出现。壁挂式的家具使用起来十分便利而且不占用空间。

Anika

壁挂式家具
挂钩
橡木材质
约宽4×深6×高8厘米
价格：890日元

只要重新规划衣橱的空间就可以更有效地利用**收纳空间**

我们家深处有一个像壁橱一样大的衣橱，之前使用起来十分地不方便，于是我尝试利用衣橱的深度以前后两列的方式进行组合收纳。因为家中的收纳空间并不多，所以如果不多动点儿脑筋的话，根本不够一家四口使用。

中段内侧部分放上文件盒，将文件以及纸巾等物品收纳其中，外侧部分利用衣架杆来挂一些上衣，而那些较长的大衣外套则会挂在其他地方。

下段的内侧会存放那些非当季使用的家用电器，外侧则放上了深度较浅的收纳盒。这样充分规划以后，衣橱便由内至外都得到了充分的利用。

Amari_ppe_

1 文件以及消耗品

聚丙烯文件盒
标准型
宽型
A4用
灰白色
约宽15×深32×高24厘米
价格：990日元

用撑杆解决每次抽出**抽屉盒子**都会掉下来的问题

我们家的收纳从不锈钢架换成了苹果箱，其中所使用的收纳盒选用的是篮子以及无印良品的"聚丙烯收纳盒 抽屉式 深型"。而我在使用抽屉式的收纳盒的时候遇到了一个小问题，即每当将抽屉完全打开的时候，抽屉里物品的重量会导致盒子前倾，后半部分上翘！结果一不小心抽屉就会从苹果箱摔到地板上。

这个问题困扰了我一年多，最后终于得到了解决。只需要将百元店的撑杆安装在苹果箱中，阻止尾部上翘便可以完美地解决这个问题了！！因为抽屉收纳盒的尾部不会上翘，所以收纳盒也就不会摔到地板上了。从那以后，我终于可以毫无压力地单手使用收纳盒进行收纳了。

ADAHLIA ★

1 放置毛巾的地方

1

聚丙烯收纳盒 抽屉式 深型
约宽26×深37×高17.5厘米
价格：990日元

利用撑杆防止上翘

什么东西放在什么地方的**收纳方法**是**文件整理**的**关键**

家里总是会不断增加与家庭相关的文件，而想要整理起来总是十分的麻烦。我们家选用了无印良品的文件盒来收纳这些文件，并且使用的时候特别用心地注意了一些细节。为了可以快速地找到什么东西在什么地方，我们家使用了"再生纸架"对文件进行了更加细致的分类。另外，存放有那些有质保期文件的文件夹外也明确地标注了日期。

家庭成员共通的文件、丈夫的文件、我的文件、孩子的文件，都一一进行了分类，所以完全不用担心搞混，也大大减少了丢失的情况。并且，因为那些已经失效的文件也可以一目了然，所以不会出现文件一直增加的情况。此外，文件盒外观大方、做工结实，是可以将文件收纳得整齐美观的利器。

Apyokopyokop

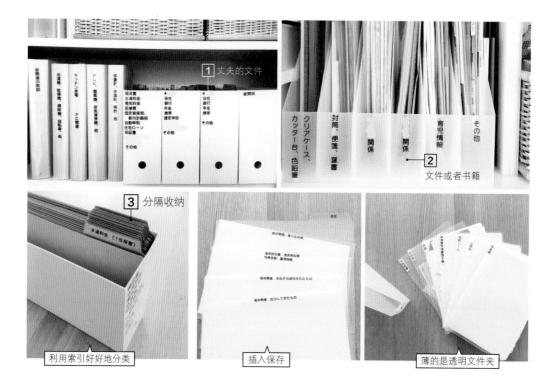

1 丈夫的文件

2 文件或者书籍

3 分隔收纳

利用索引好好地分类

插入保存

薄的是透明文件夹

1
聚丙烯文件盒
标准型 A4用 灰白色
约宽10×深32×高24厘米
价格：690日元

2
聚丙烯文件盒 半型
约宽5×深27.4×高31.8厘米
价格：590日元

3
再生纸架
A4尺寸用 5枚装
价格：190日元

对于那些容易被弄乱的小物品，只选取必需的最低用量放置于固定的位置

在电视柜的抽屉里放上无印良品的桌内收纳盒就可以很好地将文具类用品进行分类收纳。使用这种收纳盒将各种小物品存放于固定的场所，就再也不会担心在需要使用的时候却找不到在哪里的情况出现了。我认为，即便是那些容易被弄乱的小物品，只要取出必需的最低用量放置于固定的位置的话，那么也可以保持整洁。

另外，尽量减少文具类物品的数量，可以更多地节省出收纳空间，并且使整理的过程更加轻松，结果更加整洁。其实真正用得到的东西并不多。

Amayuru.home

抽屉1

抽屉2

1	2
聚丙烯	聚丙烯
桌内收纳盒2	桌内收纳盒3
约10×20×4厘米	约6.7×20×4厘米
价格：190日元	价格：150日元

喜爱的首饰整整齐齐地摆放在抽屉里

收纳首饰时所选用的是首饰专用丝绒内衬收纳盒。过去我曾经使用过百元店的收纳盒，不过之后换成了无印良品产的，外观更具有高级感，并且手感更好。光是使用这个收纳盒，感觉收纳其中的首饰的高级感又增添了几个层次。

我是将这款收纳盒放置于起居室的抽屉中使用的，它的大小与抽屉尺寸搭配完美，取出也十分方便。丝绒内衬手感柔软，因此任何材质的首饰都可以安心地放置其中，完全不用担心被划伤。是我十分满意的一款收纳产品。

*Amari_ppe_*

1 首饰专用
丝绒内衬分隔 大 项链用 灰色
约宽23.5×深15.5×高2.5厘米
价格：990日元

2 首饰专用
丝绒内衬分隔 格子 灰色
约宽15.5×深12×高2.5厘米
价格：990日元

23

可以轻易取放的开放式收纳带来轻松的感觉

如果要问什么样的收纳才是容易使用的收纳，那么大概是可以通过尽量少的动作便可以轻松地使用的收纳了吧。这样的收纳在使用的时候更加轻松灵活，收拾起来也更加容易。打开柜门，拉出抽屉，这样是两个动作，而尽可能地简化过程，减少动作，在整理收纳中是十分重要的。

在起居室的开放式架子上，您可以通过一个动作就将放置在上面的无印良品的"文件盒"和"小物品收纳盒"取出来。如果用同种商品固定整理的话，就会使外观看起更加整齐，心情也会更加愉快。开放式架子虽然使用起来十分方便，但是如果不使用这种收纳盒的话，那么整理的时候就会变得十分麻烦。而如果使用了这种收纳盒的话，在使用的时候，收纳盒中的物品可以以收纳盒为载体被轻松地拿去需要的地方。

Aayakoteramoto

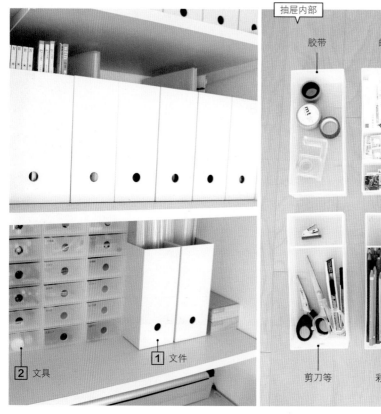

2 文具
1 文件

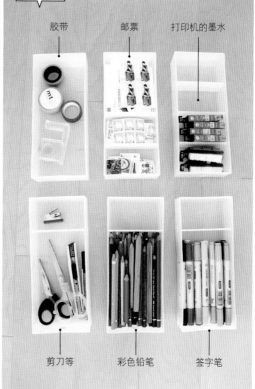

抽屉内部

胶带　邮票　打印机的墨水

剪刀等　彩色铅笔　签字笔

1
聚丙烯
文件盒
标准型　A4用
灰白色
约宽10×深32×高24厘米
价格：690日元

2
聚丙烯
小物品收纳盒6层
A4竖型
约宽11×深24.5×高32厘米
价格：2490日元

文件的收纳与消耗品的储存相结合才是好办法

我们家的信息站里收纳的全是各种文件以及日用品的囤货。即便是我不在家的时候，丈夫需要独自寻找什么东西的时候也知道去哪里可以找到。纸巾、被褥等，各种物品都被收纳在了这里。

特别是那些文件类的物品，因为在文件盒的外部做了标注，所以从外面就可以一目了然。因此绝对不会出现"那个东西在哪里？"这样的疑问，也减轻了不少负担。因为使用了布帘子进行遮挡，所以即便突然有客人来访也完全不用担心隐私的问题。

Apyokopyokop

被褥

储存的纸巾

3 AC适配器
2 相册
插座
存储器　书
书籍以及储存器 1
文件全部放在这里

1

聚丙烯
文件盒
A4用　灰白色
约宽10×深27.6×高31.8厘米
价格：690日元

2

聚丙烯
高透明薄膜相册
2行　3册一组
L尺寸
136张用×3册
价格：990日元

3

聚丙烯
抽屉式储物盒
横宽　深型
宽37×深26×高17.5厘米
价格：1090日元

维持办公桌整洁的诀窍是决定物品固定的位置

办公桌周围有很多小物品，而在抽屉中分隔出大小不一的隔间，将物品放置于固定的位置就是保持桌面整洁的诀窍。可以通过制作标签，并将标签张贴于各个隔间中来培养"这个放在这里"的意识，防止出现将物品取出用完以后就放在一边的情况。每件物品都有各自固定的位置，一旦进行了这样的规定，丈夫也可以轻松地收拾散落在各处的小物品了。想要保持房间的整洁，需要全家人的共同努力，因此寻找出可以让各自都可以轻松接受的方法就显得尤为重要。

收纳的时候可以使用化妆盒以及桌内收纳盒来进行整理，对各种物品进行细致的分类，这样从小到大的物品都可以被很好地进行整理收纳，放置的时候也会十分便利。而且那些较大的物品跟化妆盒的尺寸也正好合适，并且和抽屉的高度也完全合适，所以使用起来特别方便。

Amayuru.home

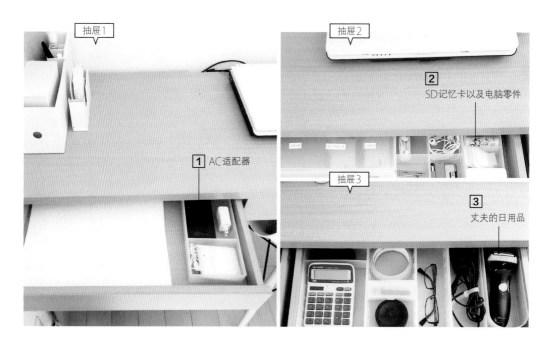

抽屉1

抽屉2

2 SD记忆卡以及电脑零件

1 AC适配器

抽屉3

3 丈夫的日用品

1
聚丙烯
桌内收纳盒2
约10×20×4厘米
价格：190日元

2
聚丙烯
桌内收纳盒3
约6.7×20×4厘米
价格：150日元

3
聚丙烯
化妆盒 1/4纵型
约宽7.5×深22×高4.5厘米
价格：150日元

将抽屉内部进行细分，更加有利于收纳和取出

将抽屉的内部通过收纳盒进行细致的分类整理。上层的抽屉可以存放那些经常会使用到的物品，例如遥控器、书写工具、毛球修剪器、照相机、芳香精油和常用药。

下层抽屉里则存放的都是女儿的物品。在幼儿园收到的信件和回信时需要用到的信纸套装以及学习用品等，全部收纳在这里。特意将女儿的物品都移动到这个高度的抽屉是为了在父母不在身边的时候，她也可以轻松地取出自己需要的物品进行书写或者学习。当然，这个抽屉的整理收纳工作也做得十分彻底。

Ayu.ha0314

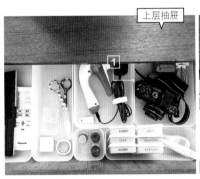
上层抽屉

下层抽屉

1 聚丙烯
收纳盒3
约宽17×深25.5×高5厘米
价格：190日元

2 聚丙烯
收纳盒2
约宽8.5×深25.5×高5厘米
价格：150日元

心爱的围裙可以挂在磁石式挂钩上

这是我最喜欢的牌子出品的围裙，它采用了质地厚实的棉布制作，并且附有很大的口袋，所以我特别喜爱。所以我希望可以将它挂在显眼的地方，这时候可以吸附在各种地方的磁石式挂钩就特别地方便。

ADAHLLIA ★

铝制挂钩
磁石式
大型
2个装
约宽5×高7厘米
价格：390日元

每天都要使用的东西都放到手提箱里

那些经常不知道被放到哪里的遥控器全部都可以放到这个手提箱里。另外，经常使用的眼镜也可以一同放在里面。即便里面积存了灰尘，用水冲洗一下便可以清理干净，这也是它的一大优点。

Apyokopyokop

聚丙烯收纳手提箱
宽型　灰白色
约宽15×深32×高8厘米
价格：990日元
（含把手时高度为13厘米）

家里最和谐的**收纳场所**是**明亮的厨房**

我在家里最喜欢的风景便是整洁明亮的厨房。虽然并不是特意进行放置收纳的结果，但是这个只有木头和不锈钢和黑色以及白色组成的色调搭配……等我意识到的时候，才发现原来是如此地和谐。

在厨房的收纳中，灰白色的盒子里放置的是调味料等物品，这种收纳盒材质很轻，可以轻松地拖出使用。电磁炉下面则是利用不锈钢架的专用部件的抽出式不锈钢丝篮进行收纳，将厨房用具放置在第一层，而干货等经常使用的东西则放在第二层，可以很轻松便利地拉出来使用。

我很喜欢不锈钢制品，因为它很难生锈，很适合在厨房使用。右边的架子也同样是无印良品的产品，是由高为46厘米的不锈钢单元架组合而成的。

Alokki_783

[1] 聚丙烯　文件盒
标准型　宽型　A4用
灰白色
约宽15×深32×高24厘米
价格：990日元

[2] 不锈钢
单元架
追加用
不锈钢丝篮
宽56厘米型专用
价格：3290日元×2

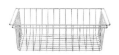

[3] 不锈钢
单元架
追加用不锈钢板
宽56厘米型专用
价格：3490日元×2

[4] 不锈钢　单元架
不锈钢制
追加用支架　迷你
高46厘米型专用
价格：2790日元×2

毛巾架最好可以单手取下，单手挂上

厨房里有很多小物品，因此整理收纳起来也特别困难。在这种时候，就需要将一些常用的物品挂在磁石式挂钩上，这样在使用过后立刻挂回去，便可以保持厨房的整洁。冰箱旁边可以挂上各种日常用品，这样不但起到了很好的收纳效果，也很方便取用，例如剪刀、防烫手套、包等。因为不容易积灰，所以是一种十分值得推荐的收纳方法。

特别是厨房里经常会用到的毛巾，挂在这里取用和放置都特别方便，即便是单手也可以很轻松地更换，这样每天都会仔细地换毛巾了。因为挂钩很深，所以迄今为止都没有滑落的情况出现。请务必尝试一下。

A阪口YOUKO

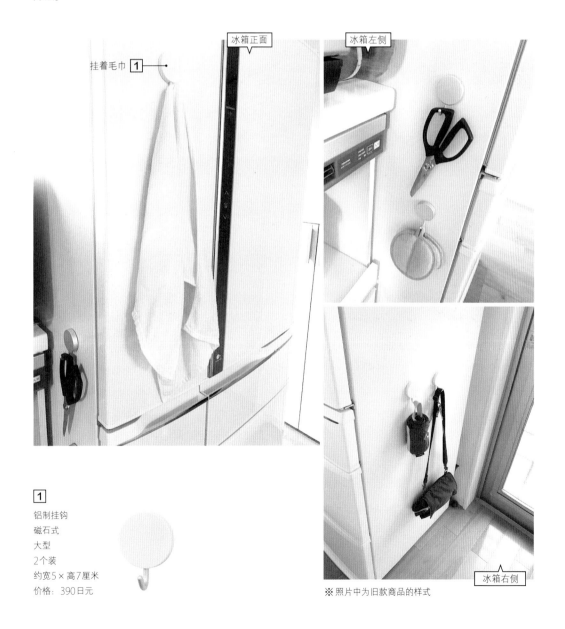

挂着毛巾 1   冰箱正面

冰箱左侧

冰箱右侧

1
铝制挂钩
磁石式
大型
2个装
约宽5×高7厘米
价格：390日元

※照片中为旧款商品的样式

使用**收纳盒取放餐具**可以做到一气呵成

因为今天的时间比较充足，所以我将餐具全部取出来，把架子从上到下都擦了一遍。如果不定期进行打扫的话，架子里就会积存下灰尘。

虽然我不知道我们家的餐具到底算多还是算少，但是因为使用了收纳盒进行整理，所以取放都十分轻松。特别是无印良品的收纳盒，它的高度恰到好处，即便是比较大的茶碗也可以很好地被收纳其中。

另外，我将经常会使用到的餐具都统一收纳在左侧，取用方便。餐具的数量并不是重点，如何在有限的空间内将物品收纳好，并且在取用的时候也可以十分便利，这就需要我们多动脑筋了。

Amayuru.home

平时会用到的餐具

1 聚丙烯
收纳盒3
约宽17×深25.5×高5厘米
价格：190日元

2 聚丙烯
收纳盒2
约宽8.5×深25.5×高5厘米
价格：150日元

狭窄的厨房空间需要可以**挂东西的夹子**

想要在狭窄的厨房空间里将菜谱摊开会特别困难，这时候就可以使用不锈钢悬挂式钢丝夹将菜谱挂起来，这样既不会妨碍料理的制作，又可以看到菜谱。此外，还可以用来夹装厨余垃圾的垃圾袋或者厨房用纸，十分便利。

Ayumi

不锈钢悬挂式钢丝夹　4个装
约宽2×深5.5×高9.5厘米
价格：390日元

因为使用了**心爱的托盘**，所以连早餐都变得时尚了起来

最近，我发现我的儿子在吃饭的时候会十分有个人风格地使用托盘来用餐，于是我也尝试着这样来吃早餐。没想到只是使用了木制的托盘，便让早餐变得更有情调起来，木头的质感给人带来了愉快的心情。

Akumi

木制　方形托盘
约宽27×深19×高2厘米
价格：1490日元

厨房的收纳只要有这三件工具就会变得十分简单

厨房水槽下方收纳所使用的是无印良品的三件收纳工具，"文件盒""收纳盒4"和"厨房用具收纳瓶"。这些收纳工具在无印良品便可以购买齐全，并且设计简约、风格统一，使用起来也十分便利。都是可以在各种场合使用的收纳工具，可以放心地使用。

至于各收纳工具里具体存放的内容，文件盒里可以放置锅盖，收纳盒里则可以放置厨刀、剪刀、筷子、开罐器等，而厨房用具收纳瓶中可以摆放V形夹等厨房用具。这里需要特别注意的是，厨房用具收纳瓶采用白瓷材质制作而成，分量较重，所以不论是放置什么物品都不用担心会翻倒。真正的瓷器质感真是好啊。

Aayakoteramoto

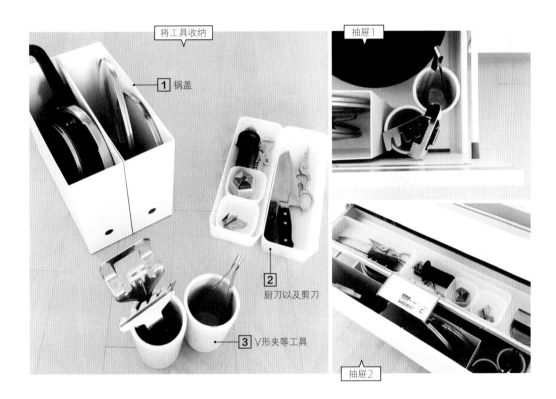

将工具收纳

1 锅盖

2 厨刀以及剪刀

3 V形夹等工具

抽屉1

抽屉2

1
聚丙烯
文件盒
标准型
A4用 灰白色
约宽10×深32×
高24厘米
价格：690日元

2
聚丙烯
收纳盒4
约宽11.5×深34×
高5厘米
价格：150日元

3
米瓷
厨房用具收纳瓶
约直径9×高16厘米
价格：890日元

将可以**长期存放**的食材**收纳于篮子中**

我们家的食品储存收纳方式非常地简单。我们会将那些可以长期存放的食物收纳在方便管理的篮子里来控制囤货的数量，将食材保持在一个看得很清楚的状态是我们家的收纳心得。

收纳的过程中使用了无印良品的藤编篮子，选用竹制材料手工编制而成，有着良好的透气性，特别适合用来存放那些长期保存的食材。可以选用放置在起居室也不会显得突兀的木制的苹果盒架来放置这些藤编篮子，二者之间有着很好的统一感。

收纳的时候可以分为灭菌食品、罐头、调味料、干货四个种类进行摆放。灭菌视频和罐头也可以作为特殊时期的储备粮，所以必须定期购买，也因此需要在保质期快到的时候拿出来确认一下。

ADAHLIA ★

储物架　罐头　灭菌食品　干货　调味料

1

可重叠
长方形藤编篮子
大
约宽37×深26×高24厘米
价格：1690日元

※盖子另外购买

2

长方形
藤编篮子专用盖
约宽37×深26×高2厘米
价格：390日元

水槽下的收纳可以用文件盒进行分隔

水槽下的收纳会因为水槽的具体形状和尺寸而有很大的不同，而烹饪工具的尺寸又多种多样，因此收拾整理起来十分困难。

这时候我们就可以选用无印良品的文件盒作为分隔的代替品。因为有宽型和标准型两种型号，所以我们可以根据具体需求进行选择，用来存放那些较大的筑篱的时候可以选择宽型，而在放置那些较小的金属碗或者柠檬榨汁器的时候则可以选用标准型，也可以将文件盒夹在两边作为分隔来使用。

深度较浅的抽屉则可以使用化妆盒来存放瓦斯瓶以及滤油器、纸盘子、吸管等小物品。这种方法十分简便，不会再杂乱无章。

Apyokopyokop

1
聚丙烯文件盒
标准型　宽型　A4用
灰白色
约宽15×深32×高24厘米
价格：990日元

2
聚丙烯文件盒
标准型　A4用　灰白色
约宽10×深32×高24厘米
价格：690日元

3
聚丙烯化妆盒1/2
约宽15×深22×高8.6厘米
价格：350日元

水槽下收纳1

2 金属碗　　**1** 筑篱

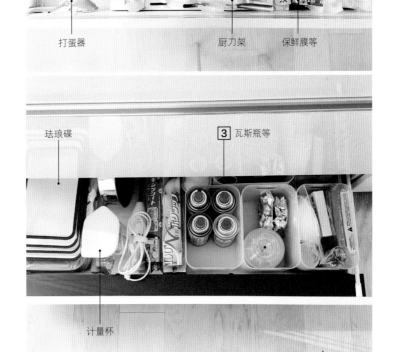

打蛋器　　　厨刀架　　保鲜膜等

珐琅碟　　　　　　**3** 瓦斯瓶等

计量杯

水槽下收纳2

将抽屉里的厨房用品摆放得一目了然的小技巧

可以将无印良品的不锈钢单元架的抽屉进行组合用来收纳厨房用品里的各种烹饪工具。因为有条理地进行了分隔，并且使用了半透明的化妆盒系列或者是百元店的工具进行组合，所以各种烹饪工具在抽屉中什么位置都可以一目了然。

之所以这么做，是为了不论是取出使用还是用完以后收纳，都可以做到绝对地便利。

高度较高的物品可以使用化妆盒来收纳，这样取出和收纳都会十分轻松。另外，尺寸较大的物品可以放置在金属托盘上来收纳，这样取放也同样便利。

Alokki_783

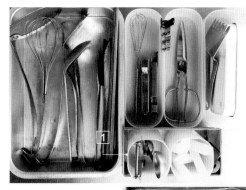

1
聚丙烯
牙刷　铅笔
收纳筒
约宽7.1×深7.1×
高10.3厘米
价格：150日元

使用收纳架收纳时

从外部无法看到内容的吊柜只要进行标记就可以很清晰明了

吊柜的宽度很大，如果直接放入小物品的话就很难整理。我们家的吊柜也很宽，而且没有隔板。

遇到这种情况，如果想要将物品清晰明了地进行收纳的话，就需要使用文件盒。只要将放入文件盒中的物品都标注在盒子外部，在决定了具体的收纳位置之后，便可以轻松地进行整理了。而且因为可以竖着摆放，所以具体里面放了什么也可以一目了然。相对较轻的干货以及没有开封的面粉、干面等都可以收纳其中。因为是纸制的盒子，所以即便是不小心掉落下来，也不会有多大的危险，完全可以放心使用。

Apyokopyokop

吊柜

盒子内部

1　一按可成型纸板文件盒
5只装
A4用
价格：890日元

抽屉中的餐具也可以用盒子进行整理

餐具也有很多种类，尺寸也各有不同，想要在抽屉里很好地进行收纳十分困难。这时候我们可以选用一些细长的隔断将餐具分门别类地进行整理。

无印良品的收纳盒拥有四种不同的尺寸，可以针对各种餐具进行收纳。细长的筷子、汤匙或者是橡皮圈等厨房会用到的小物品，全部都可以利用收纳盒来收纳。特别是正方形的收纳盒1特别适合用来存放小物品，像是牙签或者是裱花嘴都可以放在里面。

需要打扫抽屉的时候，只需要将收纳盒取出，便可以轻松地进行清洁，在各个方面都十分便利。

Ameg

1 聚丙烯
收纳盒1
约宽8.5×深8.5×
高5厘米
价格：80日元

2 聚丙烯
收纳盒2
约宽8.5×深25.5×
高5厘米
价格：150日元

将餐具整理收纳，这样孩子也可以帮忙了

一旦有了孩子，便会需要专门的餐具。虽然也希望孩子可以帮忙拿取餐具，但是如果要孩子拿全家人份的餐具就会非常困难，这时候我们可以将全家人的餐具都放在收纳盒里。

过去是按照餐具种类进行收纳的，现在我会将全家人的餐具都装在一个收纳盒里，这样只需要取出盒子便可以完成餐具的准备了，即便是孩子也可以轻松地完成。

同样的道理，厨房用具应该被整齐地收纳起来，根据种类分门别类，这样使用的时候才会更加方便，取放的时候也会更加轻松。

Anika

全家人份的餐具

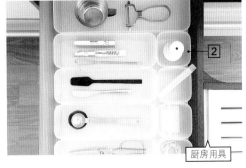

厨房用具

1 聚丙烯
收纳盒2
约宽8.5×深25.5×
高5厘米
价格：150日元

2 聚丙烯
收纳盒1
约宽8.5×深8.5×
高5厘米
价格：80日元

即便弄脏也可以轻松冲洗干净的**万能分隔**

在我们家的水槽下方有只很深的抽屉，我选用即便弄脏也可以轻松冲洗干净的无印良品的文件盒和亚克力隔断对收纳空间进行分隔。

因为锅的大小各种各样，所以隔断最好可以做到在某个范围内随时移动。亚克力分隔做工结实、不易倾倒，十分适合用来立着放置烹饪工具。另外，锅没有用文件盒存放或分隔的必要，可以

减少空间的浪费。厨房地带各种油污较多，要考虑到厨具的收纳和清洗问题，因此选用容易清洗的收纳就显得尤为重要。也许这还远远不是最佳方案，让我们以更加便利的收纳方法为目标，继续开动脑筋吧。

Apyokopyokop

1
亚克力立式隔断　3隔断
约宽13.3×深21×高16厘米
价格：1190日元

2
钢制书立　小
宽10×8×高10厘米
价格：190日元

3
聚丙烯　文件盒　标准型
宽型　A4用　灰白色
约宽15×深32×高24厘米
价格：990日元

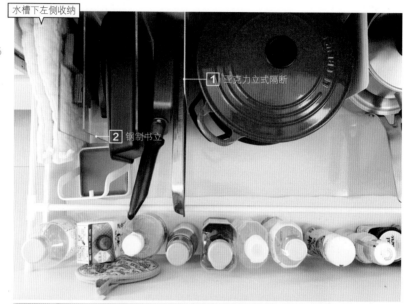

水槽下左侧收纳

1 亚克力立式隔断

2 钢制书立

水槽下右侧收纳

3 锅的收纳

将剩余米饭放入盒中便可以压出冷冻饭团

在需要将剩下的米饭进行冷冻的时候，可以将米饭平铺于无印良品的收纳盒1中，按压至收纳盒同等大小，这样就可以制成大小正好的冷冻饭团，并且可以放入冷冻库内的收纳盒里进行保存。而且在往深处放入新的饭团的同时，还可以从先前放入的饭团开始食用，绝对不会造成浪费。这样很容易被弄乱的冷冻室内也可以被整理得井井有条了。

食用的时候只需要用保鲜膜将冷冻饭团进行包裹，之后放入微波炉进行加热便可以了。比起一味地节省，进行长远的考虑更能够节约开支。

Anika

1 聚丙烯
收纳盒1
约宽8.5×深8.5×
高5厘米
价格：80日元

2 聚丙烯
收纳盒2
约宽8.5×深25.5×
高5厘米
价格：150日元

横向摆放的冷水壶可以节省冷藏室的空间

无印良品的亚克力冷水壶附带有装茶包用的滤网，可以十分方便地取出茶包，并且横向放置的设计也非常棒！可以根据冷藏室内的空间进行随机应变的摆放，是一件非常便利的商品。

Alokki_783

亚克力冷水壶
冷水专用约2升
价格：790日元

洗手液可以装入补充瓶进行统一整理

因为装洗手液的容器尺寸不一，所以可以选用无印良品的补充瓶进行替换使用。不论是尺寸还是设计都得到了统一，不但可以洗干净手，还可以把洗脸池整理得干干净净，实在是太好了。

Ameg

PET补充瓶
起泡型
透明
400毫升
价格：390日元

将厨房的抽屉用亚克力立式隔断进行隔断是不错的选择

　　厨房的抽屉很宽，有很强大的收纳能力，但是如果没有任何隔断的话，收纳的时候就需要费上一番工夫了。

　　这时候我们可以选用无印良品的亚克力立式隔断将煎锅竖起来收纳。照片中使用了近处和远处两个亚克力立式隔断，虽然同样都是三隔断，但是宽度有两种，宽度较宽的品种（远处）用来收纳煎锅等，宽度较窄的品种（近处）则用来收纳煎蛋器、迷你煎锅和华夫饼机。同样是无印良品出品的化妆盒里则收纳了保鲜膜、洗碗机用洗洁精、氯漂白剂等。抽屉中也规划好了各个物品的固定位置，不论是收纳还是打扫都可以轻松地完成。只是使用了在无印良品购买的收纳用品，便将抽屉中收纳的物品整理得井井有条，真的是没有买错。

Ameg

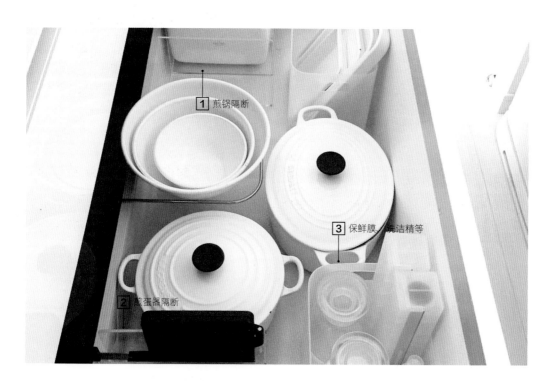

1 煎锅隔断

3 保鲜膜、洗洁精等

2 煎蛋器隔断

1

亚克力立式隔断
3隔断
约宽26.8×深21×高16厘米
价格：1490日元

2

亚克力立式隔断
3隔断
约宽13.3×深21×高16厘米
价格：1190日元

3

聚丙烯化妆盒
约宽15×深22×高16.9厘米
价格：450日元

可以利用亚克力分隔架将无法叠在一起的盘子整洁地摆放好

整理那些形状不一的餐具的时候总是令人感到烦恼，如果强行将它们叠在一起的话，不但不够美观，碟子还很容易产生缺口，最糟糕的情况可能会被整个打破。

这时候就需要使用到无印良品的亚克力分隔架了，它可以增加放置盘子的空间，这样就能够只将同种类的盘子叠加在一起进行收纳了。而且因为是亚克力材质，所以也不会出现阻挡视线的问题，不论盘子放在哪里都可以看得一清二楚。使用了亚克力分隔架便可以将盘子整理了，而且便于寻找和取放，实在是太棒了。

Ayu.ha0314

1 亚克力分隔架
约宽26×深17.5×高10厘米
价格：590日元

细长形厨房用品放置于厨房用具收纳瓶中可以有效节省空间

长筷子、刮刀等细长形的厨房用具有很多，横放的话便会占用大量空间，如果可以立起来收纳的话，便可以节省空间。又因为这些用具通常较重，所以如果都放在一起很容易倾倒，所以最好多准备几个收纳瓶。

Ayu.ha0314

米瓷
厨房用具收纳瓶
约直径9×高16厘米
价格：890日元

在玄关到房间之间放上一个托盘，就再也不用担心外出时用到的小物品会找不到了

回家以后可以立刻将出门时用到的家中的钥匙、手表集中放于托盘中，这样就再也不用担心东西会乱丢导致下次出门时找不到了。如果在玄关到房间的位置好好地准备一处放置物品的地方的话，有利于良好习惯的养成，防止遗忘物品的情况出现。

Aayumi

木制
方形托盘
约宽35×深26×高2厘米
价格：1990日元

使用冷水壶在短时间内制作简单水泡高汤的技巧

因为早晨总是十分忙碌，所以很多人都无法在全家人的早餐上花费多少时间，我也是一样。除了休息日，几乎没有多余的时间来制作高汤，所以我会在休息日利用这种方法来制作高汤。虽然只是用水泡制出来的，但是有着十分正宗的味道。

我所使用的是无印良品的冷水壶，虽然有很多不同种类的水泡高汤菜谱，但是我们家主要是采用1升水对应10～20克各种喜爱的食材（杂鱼干、鲣鱼干、昆布等）的混合物，将混合物放入茶包内进行浸泡。食材的用量和种类可以根据个人的喜好进行自由的更改。因为是水泡高汤，所以杂鱼干必须要进行一些准备工作。

将冷水壶置于冷藏室中存放一晚，第二天早晨便大功告成了。

Amayuru.home

步骤1

步骤2

放置一晚后完成

1 水泡高汤

1

亚克力冷水壶
冰箱门侧型
冷水专用约1升
价格：690日元

如果将拌菜直接在**保存用的容器**里进行**凉拌**，便可以减少需要清洗的餐具

之前我都是将拌菜做好，再使用无印良品的密封容器进行保存的。先在碗里进行凉拌，之后再转移到保存容器里保存，这样不但需要洗碗还多了一道转移的工序，所以我尝试着直接在保存用容器里进行凉拌。这么做以后减少了碗的使用频率，就连需要的餐具个数也可以减少了，而且在凉拌之后需要将盖子盖上就可以放入冷藏室里保存了。

容器的尺寸有大中小三种，可以根据空间选择使用，十分便利。而且可以直接使用微波炉加热，再加上透明的材质可以清楚地看到内部的情况，非常好用。

ADAHLIA ★

可以清楚地看见内部

2

1

直接使用

1 可以盖着盖子
直接在微波炉里使用
附带阀
密封保存容器　中
约宽12×深20×
高5.5厘米
价格：790日元

2 可以盖着盖子
直接在微波炉里使用
附带阀
密封保存容器　小
约宽9.5×深12.5×
高5.5厘米
价格：490日元

想要完美收纳垃圾袋，最好使用悬挂架

为了更加方便地取出垃圾袋，我对收纳进行了重新规划。

我所使用的是无印良品的悬挂架，根据垃圾袋的种类进行分类，每种分别对应一个悬挂架，将垃圾袋进行收纳。我们家会在垃圾箱的底部铺上报纸，所以也将报纸一同收纳其中。厨房水槽下方的抽屉里有多余的空间，所以我便将它收纳在这里。因为收纳得很好，所以使用的时候只需要从上方抽出就可以了，大大缩短了时间。

顺便一提，因为我有多余的文件盒，所以也一并使用了，不愧都是无印良品的产品，尺寸正合适。

Amayuru.home

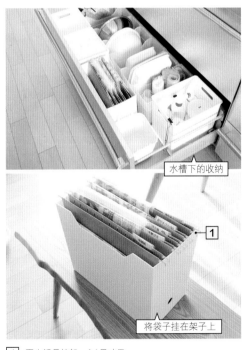

水槽下的收纳

1

将袋子挂在架子上

1 再生纸悬挂架　A4尺寸用
5枚装　附带索引
价格：490日元

打造设计统一、便于清洁的洗脸池

我们家的洗手间里有无印良品的牙刷和牙刷架，白瓷的牙刷架和白色的洗脸池风格统一，而刷柄透明的牙刷我也十分喜爱。家庭全员都准备了属于各自的洗漱用品，不但个人卫生得到了保障，清洁起来也十分地方便。另外，一旁的洗手液也选用了无印良品的补充瓶盛放，整个洗脸池区域的外观设计得到了统一，令使用者心情愉快。

洗脸池下方的收纳部分选用了化妆盒来装毛巾和厕纸。现在家里用来储藏厕纸用的架子比较高，孩子们无法够到，所以特地在这里也放了备用。因为盒子是白色半透明材质，所以透过盒子看见白色的内容物时可以感觉到良好的整体感。

Ameg

白色基调的洗脸池

3 洗手液

1 牙刷架

2 毛巾

洗脸池下方收纳

1

白瓷牙刷架
1根用
约直径4×高3厘米
价格：290日元

2

聚丙烯化妆盒
约宽15×深22×高16.9厘米
价格：450日元

3

PET补充瓶
白色
400毫升用
价格：250日元

高处橱柜需要用方便取用的附把手收纳盒

在我们家公寓的洗手间里有一处位置较高的收纳柜，我必须爬到台子上才能取到放置在架子最顶端的物品。因此，我会选择将那些使用频率不高的物品，如口罩、厕所地垫等收纳在这里。

我会将一些小物品进行仔细分类后放在化妆盒里，然后收纳在架子的第二层。因为化妆盒是半透明材质，所以从外面就可以很清楚地看见内部所装的物品，这样在取用的时候就不用担心拿错了。顺便一提，我在里面装的是蜡烛以及无印良品产的纸巾等。我很喜欢无印良品牙刷刷把的透明设计，所以囤了不少。然后，我将这种使用频率较高的牙刷都放在了架子的第三层。

此外，我为了能将毛巾收纳在厨房的抽屉里，将它们装到了化妆盒中，这样的话，不论是要放到哪里，或者是带去哪里都会十分方便。

Ameg

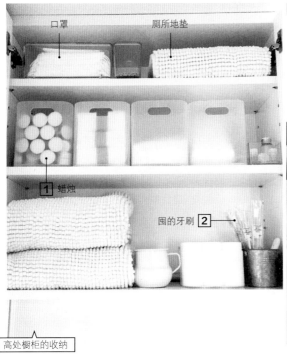

口罩　厕所地垫

1 蜡烛

囤的牙刷 2

高处橱柜的收纳

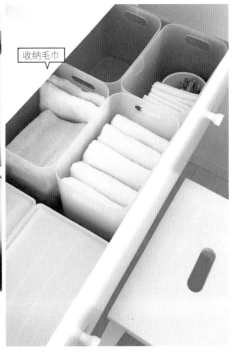

收纳毛巾

1

聚丙烯化妆盒
约宽15×深22×高16.9厘米
价格：450日元

2

牙刷　极细毛　透明
全长18厘米
价格：290日元

如果想要保证毛巾干净，可以选用漂亮的**不锈钢钢丝筐**

如果让我选出一两处家中最不喜欢的地方，那一定会有洗手间。我真的很希望自己能够稍微喜欢那里一点儿。

如果将东西放在洗手间的话，很容易便会弄湿或者弄脏，所以我都只将最低限度的物品放在那里。其中我最中意的就是存放浴巾的不锈钢钢丝筐。因为它是钢丝制品，所以只要提起来，灰尘就会落到地面上，打扫起来十分方便，毛巾放在里面也可以保证它的卫生性。

另外，还有可能是唯一能够称得上是家具的长凳，我也非常喜爱。在洗衣服的时候，可以将筐子放在上面，又或者是在吹头发的时候，可以坐在上面休息。即便是在这个我不太喜欢的场所，我也可以度过一段舒适的时光。

Ayu.ha0314

喜爱的长凳

1 18-8
不锈钢钢丝筐3
约宽37×深26×高12厘米
价格：2290日元

2 实木长凳　橡木材质　小
约宽48.5×深30×高44厘米
价格：8490日元

任谁都可以做到的**抽屉收纳方法**：利用盒子将抽屉的空间进行固定分隔

如果将电吹风或者电熨斗随手乱放的话，那么家里很容易就会变得一团乱，所以需要将它们收纳到洗脸池的抽屉里。这里我们需要选择那些高度较低、尺寸较大的收纳盒来进行收纳整理。如果尺寸正好的话，那么使用完毕之后就可以立刻归位，再也不用担心房间变乱了。

那些尺寸较小的化妆盒则可以用来收纳适配

器、美甲工具、充电器等小物件，可以根据不同的尺寸来进行区分，使用起来十分顺手。

即便是那些怕麻烦的人，也可以保持房间内的整洁，所以说这是任谁都可以轻松做到的收纳方法。

Amayuru.home

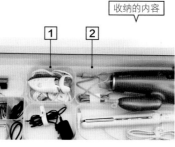

收纳的内容

1 聚丙烯　化妆盒　1/2横型
约宽15×深11×高8.6厘米
价格：190日元

2 聚丙烯　收纳盒4
约宽11.5×深34×高5厘米
价格：150日元

在较暗的收纳场所，挂钩式 LED感应灯是必备品

在规划洗手间收纳的时候，不锈钢钢丝筐可以派上不错的用场，它可以容纳纸巾、厕纸等体积较大、感觉较难储存的物品。因为可以轻松地将整筐从架子上抽出，所以需要添加收纳物品的时候也十分方便。

不过，这处收纳场所原本没有照明，所以我在这里挂上了无印良品的挂钩式LED感应灯，只要打开开关便可以愉快地进行收纳整理了，在需要寻找物品的时候也非常便捷。LED感应灯给这里带来了焕然一新的感觉，我之后也会继续使用它。

Anika

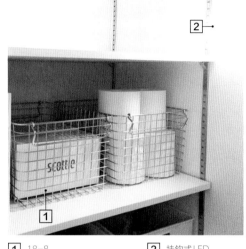

1 18-8
不锈钢钢丝筐4
约宽37×深26×
高18厘米
价格：2590日元

2 挂钩式LED
感应灯
干电池型
型号：JSL-51
价格：2490日元

比起会让光线变暗的突出式架子，带轮子的储物箱会更加方便

我曾经考虑过在洗手间里安装突出式架子，但是考虑到会影响洗手间的照明，所以便选用了附带有滚轮的储物箱。在进行打扫的时候只需推开便可，比我预想的还要方便。

ADAHLIA ★

聚丙烯附轮子储物箱1
约宽18×深40×高
83厘米
价格：3190日元

有了方便挂钩便可以在各种地方进行悬挂式收纳

可以通过使用无印良品的毛巾架一次性安装五个挂钩的收纳位置。现在我可以在冰箱的一侧悬挂各种厨房用具了。

ADAHLIA ★

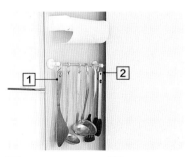

1 铝制毛巾架用挂钩
5个装
约高4厘米
价格：390日元

2 铝制毛巾架
磁石式
约宽41×深5厘米
价格：1190日元

不论是挂毛巾还是用来晾干小物品都非常适用

放在浴室以及洗脸池的每天都要使用的东西，如果直接放在架子上很容易积存无垢，从卫生层面考虑也令人十分不安，特别是那些潮湿的物品的卫生问题尤其使人担心。

这里我们就可以使用无印良品的毛巾架来创造出与之前不同的收纳方式，从而解决以上问题。可以将环形毛巾架上下倒转进行安装，这样挂毛巾的部分就会前倾，保持在与墙壁形成垂直状态，这样我们就可以将那些较轻的物品悬挂在上面，

并且将那些小物品放置在上面。虽然这是与毛巾架本身目的不太一样的使用方法，但是还是希望大家可以尝试一下。

如果在浴室设置这种毛巾架的话，那些放置在上面的物品会因为自身接地面积较少，而更容易晾干，这样也可以大大降低发霉的可能性。顺便一提，磁石式挂钩可以用来挂剃须刀。

ADAHLIA ★

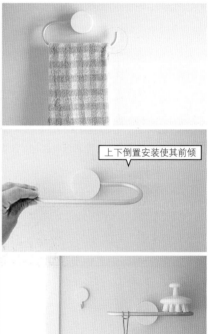

上下倒置安装使其前倾

可以放置小物品

1
铝制
环形毛巾架
磁石式
约18.5厘米
价格：890日元

2
不锈钢
不易横向偏移挂钩
大　2个装
约直径1.5×2.5厘米
价格：350日元

3

铝制挂钩
磁石式
小型　3个装
约宽3.5×高5厘米
价格：390日元

如果讨厌瓶底的黏液，可以用**吊式收纳**来解决这个问题

我们家会将洗发水和补充瓶装在不锈钢钢丝架里，然后悬挂在墙壁上进行收纳。如果将这些瓶子放在架子上收纳，经常会出现瓶底的黏液弄脏架子的状况，现在这么做的话就完全不用再担心出现那样的情况了。但是装有五只瓶子（虽然不太容易发现，但是照片中瓶子后面还藏了一瓶）的不锈钢钢丝架只使用一个挂钩，多少还是有些不太放心，我觉得想要安全使用还是用两个挂钩来悬挂会更加稳定，不过我还是决定大胆尝试一下。

洗面奶等软管类也用不锈钢钢夹悬挂在一旁，可以说是竭尽全力地避免在浴室里直接摆放任何物品。

Ayu.ha0314

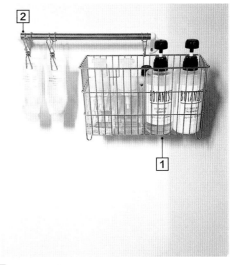

1 不锈钢钢丝架
30厘米宽
约宽30×深13×高18厘米
价格：2290日元

2 不锈钢
悬挂式钢丝夹　4个装
约宽2×深5.5×高9.5厘米
价格：390日元

将浴室里所使用的**瓶子**进行**风格统一**，便可以使整体看起来更加清爽

因为补充瓶不太容易损坏，所以时隔五年我才将补充瓶一口气替换掉。

全部使用无印良品的补充瓶可以将风格进行统一，而且因为采用了四角形的设计，所以十分便于收纳。透明的瓶子是我丈夫的，白色的瓶子是我的，会这么安排是因为他希望可以通过颜色来进行辨别，而我则是希望瓶子的设计可以得到统一。无印良品的补充瓶不但同时满足了不同的要求，而且使用起来非常方便。至于孩子们使用的瓶子上，我为了方便辨别，在上面加上了专用的辨识环。

看着这些补充瓶被整整齐齐地排在一起，我感到心满意足，希望从今以后可以长期使用下去。

A阪口YOUKO

摆放得整整齐齐

1

PET补充瓶
白色&透明
600毫升用
价格：290日元

2

PET替换瓶用
辨识环　4色装
400毫升、600毫升用
价格：250日元

儿童用的有辨识环

47

孩子的收纳练习从**收纳盒的分隔整理**开始

虽然孩子们每天都在不断地成长的，但是现在仍处于让大人们费心的年纪。考虑到可以配合他们的成长，开始培养一些收纳整理方面的习惯，我决定从今天开始教给他们一些相关知识。于是，我选择教他们如何用可立式收纳文件包整理自己的文具。

无印良品的可立式收纳文件包内部没有任何分隔，所以需要用到收纳盒来根据文具的需要进行细致的分区。通过分区，可以将小橡皮以及细长的彩色铅笔分隔开来。因为都使用的是无印良品的产品，所以整体设计风格统一，文件包内部的收纳效果也十分整洁。另外，那些容易散落的贴纸，则可以先放入EVA收纳包中再一起收纳至文件包里，这样就不用担心包里被弄乱了。

等孩子再长大一些以后，就可以将文件包内部的东西根据需要进行替换，届时又可以派上新的用场，真是令人十分期待。

Amayuru.home

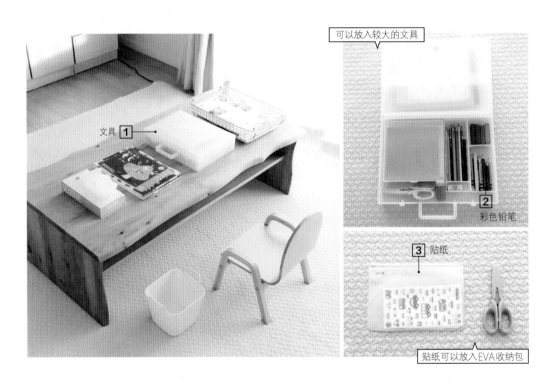

可以放入较大的文具

文具 **1**

2 彩色铅笔

3 贴纸

贴纸可以放入EVA收纳包

1
可立式收纳文件包　A4用
约高28（含把手）× 横宽32 ×
厚7厘米
价格：890日元

2
聚丙烯
桌内收纳盒3
约6.7 × 20 × 4厘米
价格：150日元

3
EVA收纳包
带拉链
A5
价格：100日元

大尺寸物品也可以一口气收纳的组合技术

究竟该如何收纳那些不断增加的玩具娃娃。这个问题一直在困扰着我，而我经过多方尝试以后，最终发现的方法就是将文件盒 宽型和手提箱组合起来。

实际上，这是将文件盒与手提箱进行叠加收纳的一个方法，下层没有进行任何分隔的文件盒，我们可以在这里存放那些尺寸较大的娃娃；上层是有小隔层的手提箱，在这层我们可以收纳一些小娃娃和小物品。因为手提箱有把手，所以取放十分方便。

需要收纳其他种类玩具的时候，这种收纳方法也起到了很大的作用，特别适合有孩子的家庭。

Anika

1 聚丙烯文件盒
标准型 宽型
A4用 灰白色
约宽15×深32×高24厘米
价格：990日元

2 聚丙烯收纳手提箱
宽型 灰白色
约宽15×深32×高8厘米
价格：990日元
（含把手时高度为13厘米）

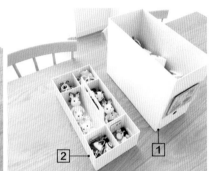

收纳绘本的关键是要将它们竖起来存放，以便查看

孩子的成长速度总是令人感到惊讶，并且他们会越来越大，所以那些绘本的种类也会不断地变化。

而收纳绘本的工具，就像是根据孩子的年龄增加而不断购入的绘本一样，也在不断地增加着。这里我推荐使用无印良品的一按可成型纸板立式文件盒，因为它在不需要使用的时候完全不会占用空间，所以在绘本减少之后便可以折叠起来保存，十分贴心便利。顺便一提，原本我只是用右边的不锈钢钢丝筐存放绘本，之后绘本逐渐多了起来，于是我便选用了这个方法。现在旁边还放置尿布，卧室的一角已经完全变成了儿童空间。

Apyokopyokop

1
一按可成型纸板立式文件盒
5只装
A4用
价格：890日元

2
18-8
不锈钢丝筐6
约宽51×深37×高18厘米
价格：3890日元

在衣橱中适当地留空可以防潮

我们家的衣橱如照片所示，有不少空出来的部分，这是因为我尽可能地将衣物靠左悬挂。我很讨厌衣橱中的潮气，所以到了夏天我都会打开衣橱透气，除了有客人来访的时候，我经常会打开衣橱的右侧橱门进行换气。如果总是看到衣橱里拥挤的样子，既影响美观，影响心情，所以我都会尽力保持这种靠左的状态，这样看起来就会显得清爽许多。

放在下方的箱子里装着衣服，左右的款式不同稍微有点不够美观，我打算有机会将它们换掉统一风格。但是不同款式的箱子的收纳能力又有所不同，我有点担心款式统一以后衣服会放不下。另外，衣橱里的衣架几乎都是无印良品的产品，只看这个部分的话，就显得井井有条了许多。

Aayumi

衣橱门完全打开

1 铝制衣架

衣橱上半部分

1
铝制洗涤用衣架
3个装
约宽41厘米
价格：290日元

2
聚丙烯衣物箱
抽屉式　大
约宽40×深65×高24厘米
价格：1490日元

2 过季的衣服

全家人的收纳主要是**DIY**和**无印良品**

在我们家，衣橱是全家人共同打造的空间，架子是丈夫DIY的杰作，而无印良品的衣物箱和软盒则是我的主意。因为所有的衣服都在这个房间里，所以收拾起来十分轻松。

我十分中意那些放在下方衣物箱的简约半透明设计，而且全家人的薄衣服都可以在折叠整齐以后收纳至箱子里。看到衣服被收拾整理得井井有条，我的内心涌现出了一股成就感。架子上放

着那些不适合挂着的毛衣、针织衫，衣架上则挂着长外套。

那些不常用的、过季的衣服也都好好地被收纳在无印良品的衣物箱里，摆放在最上面的位置。

整个衣橱之所以可以在存放一家四口的衣服之后还能够有如此多的空间，完全是因为采用了高效的收纳方法。

Alokiki_783

2 DIY衣橱

过季的衣服

1

聚丙烯衣物箱
抽屉式 大
约宽40×深65×高24厘米
价格：1490日元

2

聚酯纤维棉麻混纺软盒
衣物箱
约宽59×深39×高18厘米
价格：1990日元

1 平时常穿的衣服

即便是死角也可以创造出可悬挂的**收纳空间**

　　孩子用的衣橱为了可以收纳各种东西就需要学会有效地利用死角空间。

　　这时候我们可以使用不锈钢钢丝夹和撑杆来创造出能够悬挂印刷品的收纳空间，不但可以用来悬挂透明文件夹，还有那些学校发的宣传单等纸张类制品都可以用不锈钢钢丝夹挂在这里。虽然收纳能力并不是很大，但是因为是平铺放置，所以一眼就可以看到上面的内容，完全不用担心会被遗忘。

　　毛巾以及小物品等则用化妆盒和手提箱进行收纳，这个区域的收纳真是不好做呢。

Amayuru.home

1
悬挂式不锈钢钢丝夹
4个装
约宽2×深5.5×高9.5厘米
价格：390日元

2
聚丙烯收纳手提箱
宽型　灰白色
约宽15×深32×高8厘米
（含把手时高度为13厘米）
价格：990日元

孩子也可以参与，配合孩子成长的每日**收纳**

　　我尝试简化孩子去幼儿园上课前的准备工作，于是将书包和帽子放在不锈钢钢丝筐里，目前感觉还比较空旷，应该还可以再增加一些物品。目前还是没有完成的状态，但是可以伴随着孩子的成长进一步加工。

Akumi

18-8
不锈钢丝筐6
约宽51×深37×高18厘米
价格：3890日元

配合铝制**衣架**尝试**断舍离**的快感

　　今天为了重新规划我的衣服收纳，我尝试了一下断舍离。将那些我觉得不适合的衣服全部进行了处理，然后把那些留下来的衣服用铝制衣架挂了起来，我的衣架顿时变得简洁明快了许多，心情也变得愉快了起来。

Ameg

铝制洗涤用衣架
3个装
约宽41厘米
价格：290日元

可以在**大型衣物箱**内自由地**进行分隔**，从而更好地收纳衣物

虽然无印良品的衣物箱十分好用，但是如果直接使用的话，会因为里面没有分隔的关系而在使用的过程中遇到一些麻烦。这时候我们就需要用到分隔专用的工具"可以改变高度的无纺布分隔盒"了，用这个便可以将箱子内部进行空间划分。

这种无纺布的盒子可以通过向外折叠来自由地改变自身的高度，这样话，不论多少次我们都

可以随心所欲地进行调整了。而且是无纺布制品，所以完全不用担心它会伤到衣物。而且它还有大中小三种尺寸，可以配合衣物箱进行各种各样不同的组合。即便只叠一件衣服立着放在里面也不会倒下，其收纳能力十分值得期待。

Aayakoteramoto

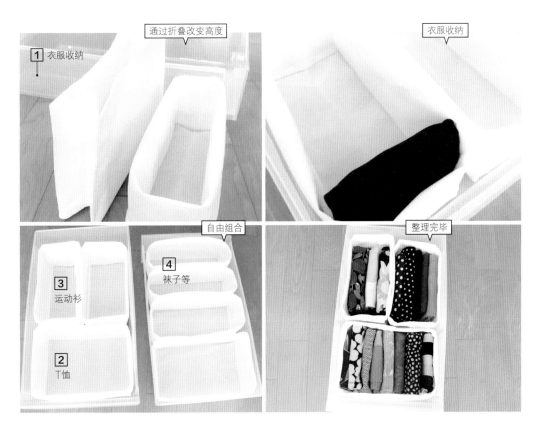

1 衣服收纳

通过折叠改变高度

衣服收纳

自由组合

4 袜子等

3 运动衫

2 T恤

整理完毕

1 聚丙烯衣物箱
抽屉式 小
约宽40×深65×
高18厘米
价格：1190日元

2 可以改变高度的
无纺布分隔盒 大
2只装
约宽22.5×深32.5×
高21厘米
价格：990日元

3 可以改变高度的
无纺布分隔盒 中
2只装
约宽15×深32.5×
高21厘米
价格：790日元

4 可以改变高度的
无纺布分隔盒 大
2只装
约宽11×深32.5×
高21厘米
价格：690日元

即便突然有客人来访也**不用担心**的**遮挡术**

我将食品储藏库以白色为基调进行了统一。从上面开始数，第二层和第三层所使用的是无印良品的化妆盒，不过这款商品只有半透明的款式，虽然在查看内容物的时候十分便利，但是相对地也有它的缺点，那就是当有客人来访的时候，有可能看到里面的东西。于是我想到了一个办法，那就是在化妆盒的前端放上一张用来遮挡的白纸。

首先，我们需要准备的是与盒子前端大小合适的白色信封和透明胶带（步骤1），然后再将两枚信封叠在一起（步骤2），之后再用透明胶带将信封固定在化妆盒的前端（步骤3），完成。之所以会选择信封，是为了化妆盒的拐角部分也能够得到很好的遮挡。

Amayuru.houme

厨房用具等
应急食品

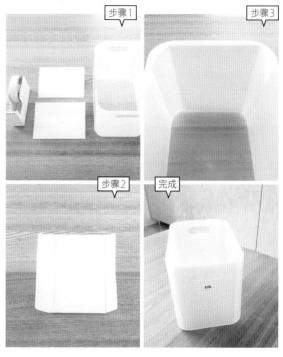

步骤1　步骤3　步骤2　完成

1
聚丙烯化妆盒
约宽15×深22×高16.9厘米
价格：450日元

2
聚丙烯文件盒
标准型
宽型
A4用
灰白色
约宽15×深32×高24厘米
价格：990日元

特殊时期的储备物资必须要放在耐压收纳箱里

　　我们家走廊里的储物柜被用来存放特殊时期的物资，里面有使用耐压收纳箱装的水和食物，以及简易厕所。耐压收纳箱就像是它的名字一样，有很强的抗压性，还可以用来当凳子坐。稍微有一点期待可以真正用到它的时候（虽然我也知道还是不要用到它比较好）。

　　此外，里面还有装有厕纸的软盒，以及一些当季用不到的小物品，我总想着再往这里塞一些东西。

Apyokopyokop

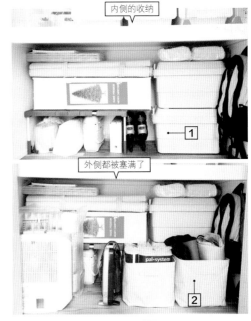

内侧的收纳

外侧都被塞满了

1 聚丙烯耐压收纳箱
　大
　约宽60.5×深39×
　高37厘米
　价格：1790日元

2 聚酯纤维棉麻混纺
　软盒　L
　约宽35×深35×
　高32厘米
　价格：1490日元

可以随身携带的收纳：四种透明袋

　　外出或者旅行的时候，总会因为要携带一些小物品而感到烦恼。如果将它们统一放进化妆包里，那么找起来就会十分困难，但是又不可能将它们直接放进包里。

　　遇到这种情况的时候，我就很喜欢使用无印良品的透明袋。这种袋子有四种不同的尺寸，只有大号附带有拉链，也因此有相当不错的收纳能力，文具或者化妆工具等都可以用它来存放。小号透明袋可以用来装首饰，迷你尺寸的透明袋则可以用来装零钱，当作零钱包来使用。除此以外还有很多不同的用途，想想就感到兴奋。

ADAHLIA ★

想要带文具等物品出门时十分便利

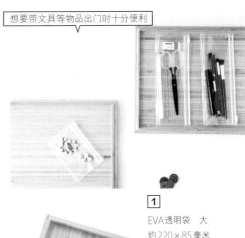

1 EVA透明袋　大
　约220×85毫米
　价格：150日元

2 EVA透明袋　小
　约120×85毫米
　价格：100日元

3 EVA透明袋　迷你
　约85×73毫米
　价格：90日元

回家的时候有令人安心的整洁玄关迎接

　　玄关是每个来到这个家的人的必经之路，所以我想将这里打造成任何人都可以心情愉快地通过的场所，并且将这里的收纳设计得更加方便家人进出。

　　玄关原本可供收纳的地方摆放着打扫用的工具以及孩子次日早晨出门时需要的体操服等物品，这样在孩子出门的时候立刻就可以取出。围巾、披肩等出门时需要穿戴的物品都放在玄关一角的藤编篮子里，这样早晨出门的时候就不用着急了。

　　顺带一提，藤编篮子下面的是耐压收纳箱，里面装着的是紧急情况时需要使用的防灾物资。MDF收纳盒我选用了三层和一层进行组合使用。它的设计简单大方，木纹色泽很好地融入到玄关中，一点都不会觉得突兀，我觉得十分满意。这里面可以摆放印章等小物品，所以我特意将它摆放在玄关显眼的位置。

Ayu.ha0314

1

可重叠
长方形
藤编篮子　小
约宽36×深26×高12厘米
价格：2590日元
※ 盖子需要另外购买。

2

MDF小物品收纳盒3层
约宽8.4×深17×高25.2厘米
价格：2490日元

3

MDF小物品收纳盒1层
约宽25.2×深17×高8.4厘米
价格：1990日元

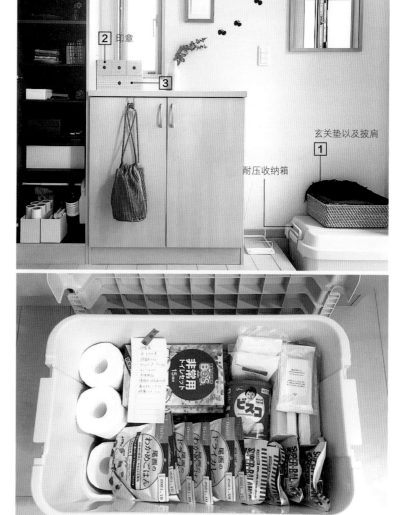

2 印章
3
耐压收纳箱
玄关垫以及披肩
1

耐压收纳箱里的物品

装饰性满分又实用的收纳盒让
玄关变得更加时尚

　　无印良品的MDF小物品收纳盒和玄关真的是绝配。因为它有一层和三层两种款式，所以您既可以只选用喜欢的那种，也可以将两种叠在一起进行自由搭配。这款盒子，外观设计简洁大方，可以适用于绝大多数家庭的玄关装潢风格，而且颇具收纳能力，口罩、印章、钥匙等都可以放进去。到了夏季，还可以用来摆放驱蚊喷雾。当有快递上门需要盖章确认的时候，便可以轻松地从盒子里取出印章，真的是十分方便呢。

　　玄关范围内需要用到的小物品全部都可以收纳到这个盒子里，真的是帮了我的大忙。

　　Anika

1 MDF小物品收纳盒3层
约宽8.4×深17×
高25.2厘米
价格：2490日元

2 MDF小物品收纳盒1层
约宽25.2×深17×
高8.4厘米
价格：1990日元

为了防止将物品随手乱丢在地上，可以尝试用钩子挂起来收纳

　　挂钩真的是一件十分便利的工具。有了这款产品以后，我们家逐渐养成了将包、帽子挂起来收纳的习惯，家中的地板上冉也不会丢得乱七八糟了。一旦在心里认定哪些物品是需要用挂钩收纳的，便会习惯将它们挂起来了。

　　ADAHLIA ★

壁挂式家具
挂钩
橡木材质
约宽4×深6×高8厘米
价格：890日元

没有架子？ 那就来做一个吧

　　想要在卧室里摆放座钟，但是却没有合适的位置？ 这时候就可以选择这款产品来解决这个问题。这款角落架，不但可以用来摆放座钟，还可以放手机、精油等物品。

　　这款电了钟不但可以显示时间，还能够显示温度和湿度，可以帮助我们注意环境变化，管理身体状况。

　　Anika

壁挂式家具　角落架　橡木材质
约宽22×深22×高10厘米
价格：2890日元

电子钟
（附带大音量闹钟功能）
座钟　白色　价格：4490日元

可以将无印良品的收纳产品进行自由组合，打造整洁清爽的环境

这里是充满了我们家生活感的收纳空间——食品室兼玄关收纳。前些天，我将这里所有的物品全部搬出，进行了一次大扫除。因为这个架子上使用了方形藤编篮子、不锈钢丝筐、化妆、文件盒等多种收纳用品，所以打扫的过程要比想象的轻松。

特别是这些无印良品的收纳产品，因为可以根据需要收纳的物品进行自由组合，所以即便是在打扫的过程中突然想要改变收纳的方式，也可以轻松地应对，真的是帮了我的大忙。而且它们的设计简约大方，配色也与我们家的白色架子非常搭配，实在是太棒了。特别是这种方形藤编篮子，不会从侧面直接看到里面收纳的物品，而且它的材质还给人带来独特的柔和感，和整个收纳空间很好地融合到了一起。

Apyokopyokop

1

可重叠　方形
藤编篮子　中
约宽35×深37×高16厘米
价格：1390日元
※盖子需要另外购买

2

18-8
不锈钢丝筐2
约宽37×深26×高8厘米
价格：1990日元

3

聚丙烯化妆盒1/2
约宽15×深22×高8.6厘米
价格：350日元

4

聚丙烯化妆盒
约宽15×深22×高16.9厘米
价格：450日元

5

聚丙烯文件盒
标准型　宽型
A4用　灰白色
约宽15×深32×高24厘米
价格：990日元

拥有能够立刻找到需要的小物品功能的收纳盒

　　无印良品收纳盒4的尺寸真的超棒！这种收纳盒在我整理家里鞋柜的时候起到了非常大的作用。

　　那些想要收纳在鞋柜里的东西，其实令人意外地多种多样，像是鞋子保养用品、折叠伞、防水喷雾、鞋带等。之前我都是将它们一股脑儿放在大型木制盒子里的，需要整理的时候真的是非常麻烦。不过在我购入了这种细长形的收纳盒之后，很自然地便区分出了"外侧"和"内侧"摆放的物品。从那以后，鞋柜里的收纳不但变得美观起来，整理的时间也大大缩短了，真的是令人感到高兴。由此可见，能够立刻找到这些必需品真的非常重要。

　　Ayakoteramoto

聚丙烯收纳盒4
约宽11.5×深34×高5厘米
价格：150日元

用收纳篮改造玄关收纳

　　我们家搬来这里已经有一年半的时间了，玄关收纳的整理总是被我一拖再拖，现在终于都收拾妥当了。原本这里是用来收纳工具、接线板、瓦斯炉的气罐、缝纫工具、灯泡、防锈喷雾、吸尘器的棉被用吸嘴等，都是些我内心无法喜爱的物品。因此我决定在这里摆上我心爱的篮子，借此增加我对这里的感情，于是购买了无印良品的长方形藤编篮子。虽然这里并没有进行彻底的整理，但是现在看起来已经十分清爽了呢！

　　Ameg

可重叠长方形藤编篮子　中
约宽37×深26×高16厘米
价格：1190日元
※盖子另外购买

想要家里看起来美观，维持整洁，"轻松"是必需的

食品室里收纳的都是餐具类以及调味料类的物品。抽屉式聚丙烯收纳盒里主要存放的是餐具，因为我尽可能地选用了同样的收纳盒，所以形成了不错的整体感，可以给人带来良好的外观感受。而且抽屉式的收纳无论有多少个都不会碍事，所以作为收纳盒来讲特别实用，并且在使用过程还非常轻松，可以很好地收纳那些使用过的餐具。

耐压收纳箱里面装的是燃气灶、啤酒、干货

等，调味料我也囤了不少。因为需要收纳的物品大小不一，所以收纳的时候根据具体尺寸来进行分类就显得尤为重要了。

垃圾箱宽约19厘米，占地面积不大，所以我将三只分别装不同垃圾的垃圾箱并排在一起，这样不但使用起来十分方便，而且看起来非常清爽。

Alokki_783

1 聚丙烯收纳盒
抽屉式
深型
约宽26×深37×高17.5厘米
价格：990日元

2 聚丙烯耐压收纳箱
大
约宽60.5×深39×高37厘米
价格：1790日元

3 聚丙烯
可选盖子的垃圾箱
大（30升垃圾袋用）
附带挂袋器
约宽19×深41×高54厘米
价格：1490日元
※盖子需要另外购买

适合小型公寓的收纳

我们家因为没有食品室，所以厨房空间十分有限。正因为家里的空间不够宽敞，所以才更需要灵活应用小型收纳盒。罐头类、瓶装类、免费里、干货，四个种类的食品被分别存放于四只抽屉中，这样在制作料理的过程中就可以快速地拿取需要的食材，真的是非常方便。

壁挂式家具上排列的是那些我十分喜爱的餐具。之所以会选择壁挂式家具，是因为它既不占地方，又看起来赏心悦目，可以说是实用性和观赏性兼具。至于那些托盘，只要叠在一起便不会占用多少空间了，而且不但够帮助保持桌面的清爽和整洁，还可以避免将餐具直接摆放在架子上，可以说是好处多多。

正因为空间有限，所以才更需要这种精打细算、合理利用的收纳术。

Ameg

③ 木制托盘

② 杯子等

① 储存食品

1

聚丙烯收纳盒

抽屉式

深型

约宽26×深37×高17.5厘米

价格：990日元

2

壁挂式家具

箱子　长88厘米

橡木材质

宽88×深15.5×高19厘米

价格：5890日元

3

木制

方形托盘

约宽27×深19×高2厘米

价格：1490日元

"环保生活"由**MAKI**推荐
那些可以令生活更加舒适的产品

MAKI一家四口在同一屋檐下共同生活，她十分追求"无忧无虑的生活"。

在经过她严格挑选的少数精英级工具中，就有不少无印良品的产品。

那么MAKI推荐的，可以在日常生活以及家务劳动中起到重要作用的工具究竟有哪些呢？

1

在繁忙家务的间隙可以稍微放松一下身心，打扫起来也十分简单的舒适沙发

沙发外罩可以整个拆卸清洗!

"即便没有大沙发也可以放松身心！"这便是MAKI推荐这款产品的理由。整个沙发的重量很轻，即便是女性也可以轻松地进行搬运，所以在需要打扫的时候很容易就可以搬开，放在起居室里绝对不会碍事。再加上沙发的外套拆洗方便，所以能够一直保持外观整洁。

舒适沙发
主体
价格：12600日元
（外套需要另外购买）

MAKI的家人是丈夫和两个女儿，她也在工作，所以坚持"不需要的东西就是浪费""绝对不做无用功的家务"。实践着这种生活方式的MAKI有不少中意的无印良品的产品！"无印良品的产品设计简约大方，长久以来我一直都有使用，并且还囤积了不少"，MAKI一边这么说着一边将采访人员领进了家里。接下来将会全面介绍那些让简单生活的达人MAKI切身感受到"还好有它！"的产品。

人物简介

MAKI是简单生活的研究家，她居住于东京都，有两个女儿，分别是五岁和十岁，加上丈夫，一家四口生活在一起。她不但在人气部落格"环保生活"介绍各种节约时间或者金钱的小技巧，还编写过《快速做家务》（昂舍）《无忧无虑生活的小法宝》（宝岛社）《快速做料理》（扶桑社）等多本相关书籍。

2

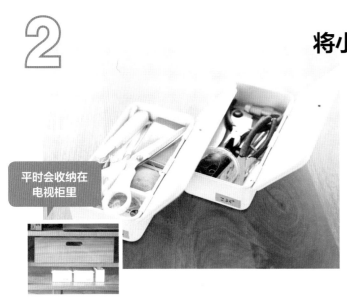

平时会收纳在电视柜里

简约又不失时尚，将小物品轻松收纳整齐

　　我会将缝纫用品和一些其他工具装在钢制工具里，然后收纳在起居室的电视柜中。因为同时使用不止一只这样的工具箱，所以我箱子外侧用胶带做了标记，注明了其中所收纳的物品。还可以将那些看起来比较杂乱的小物品都装进去，这样房间里便会变得整洁许多。

钢制工具箱1
价格：1190日元

不论是否改变用途，五年来都很好用

　　这款组合架我还是单身的时候便已经在使用了，如今已经是第五年了。"它在我们家也算得上是老员工了，为了配合其他家具的颜色，我还特地单独购买了橡木板架进行替换，从而创造出了统一感！"可以根据日常生活的具体需求进行适度的定制和改造是它的优点。

3

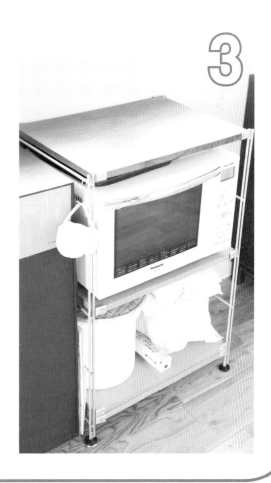

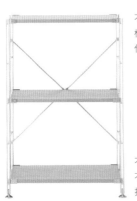

不锈钢　组合架
橡木板架套装　小
价格：18900日元

不锈钢
不易横向偏移
挂钩　小（3个装）

将厨余垃圾直接
丢进垃圾袋

水槽随处都可以变身 4
为收纳场所

　　有了磁石式的挂钩和毛巾架的话，不锈钢制
的水槽全身都可以添加收纳部件。可以在水槽旁
用挂钩挂上塑料袋，这样就可以将厨余垃圾随手
丢进塑料袋里，之后再一起丢掉，既干净卫生，
又节省了时间，十分方便。

铝制毛巾架
磁石式
价格：1190日元

铝制挂钩　磁石式
大型　2个装
价格：390日元

只用这个就可以将烹饪
用具和餐具都收拾好

　　根据工具的大小和用途，利用收纳盒和化妆
盒将厨房的抽屉内部进行区域分隔。这么做的话，
不但取用的时候更加方便，而且因为盒子是聚丙
烯制成的，所以即便弄脏也可以轻易地冲洗干净。

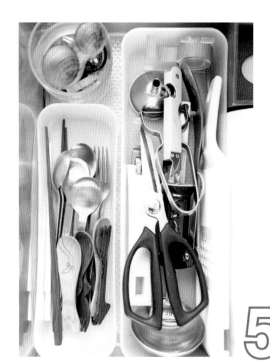

聚丙烯
收纳盒4
价格：150日元

聚丙烯
收纳盒2
价格：150日元

6

贴完标签之后立刻
存入冷藏室中

和纸胶带

胶带座
透明胶带 小 专用
价格：120日元

标签胶带令人爱不释手

　　小型透明胶带专用的胶带座和标签胶带尺寸完全符合，我将它和纸胶带组一起摆在厨房随时待命。"因为想给果酱以及常备菜贴标签，所以就放在这里了。"在三种颜色的和纸胶带中我最喜欢灰色那款，因为它既好

7

家里碗〇〇备很多，叠在一起收纳最方便

　　我们家的碗只保证最低限度的数量，一人一只，一共四只。同一系列的碗，我会配合实际情况进行使用。因为碗可以叠在一起收纳，所以十分节约空间。白瓷碗的外形设计简单大方，除了可以用来吃饭以外，还可以用来盛汤或者是用来代替沙拉碗。

儿童餐具　白瓷碗
大　价格：550日元
中　价格：450日元
小　价格：350日元

篮子只是暂时
存放用

如果想要既整洁又卫生，
那么这是必需品

　　MAKI的省时做法：省略掉洗衣篮，将需要
从凉的物品直接放进洗衣网搞定。巾藤编隔干则
是用来暂时存放刚脱下的睡衣的。"从后面的浴
室出来后可以立刻从篮子中取出穿上，再加上篮
子足以起到□□间隔的作用，可以起到流程作用，使
得环境看起来更加整洁"。

□□□□ ｜
□□．300日元

观赏植物和纯白的
瓷盆最配了

　　"我因为特别喜欢简
洁大方的白瓷盆，所以
大部分观赏植物都是在
无印良品购买的。不但
外观简洁大方，而且特
别治愈，所以我在家里
收集了不少。"MAKI这
么介绍道。买完一盆之
后便会忍不住想要在家
里的各个地方都装饰上。

我种在白瓷盆中的
观赏植物系列

10

S型挂钩可以用
来挂领带和皮带

铝制洗涤用衣架
3个装（约宽41厘米）
价格：290日元

小锈钢
不易横向偏移S型挂钩
大（2个装）
价格：650日元

我一直在购买的
衣架是这款

我们家衣橱里的衣架全部都是无印良品的产品。"这款衣架，不会撑大挂着的衣服，十分节约空间，而且外观简洁大方，所以我们家都是这种衣架！"那些容易缠在一起的皮带被我挂在衣橱一侧的挂钩上，这样皮带的种类便可以一目了然了。

存放家中物品只靠
两只柜子

MAKI家的物品竟然基本都在这只柜子里。真不愧是对极简生活要求十分严格的MAKI，由此可见，她真的将家中的物品精挑细选到了最少。收纳种类较多的儿童用衣物等物品时用到了质地柔软的无纺布盒进行区域分隔，这种无纺布盒在如何极简生活中起到了很大的作用。

11

收纳了家里绝大
部分的物品！

可以改变高度的
无纺布分隔盒（2只装）
中　价格：790日元
小　价格：690日元

胡桃木材质柜子4层（a）
宽120×深40×高83厘米
价格：5万8900日元

胡桃木材质柜子4层（b）
宽120×深40×高83厘米
价格：5万8900日元

使用无印良品，
适合怕麻烦的人的
轻松打扫方法

我们家从不大扫除！

即使不费力也可以保持整洁。

可以使打扫变得轻松的简单技巧。

Category | 打扫

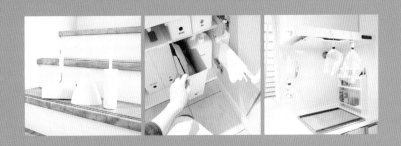

大受欢迎的Instagram用户（osayosan34）
OSAYO来教您
通过使用无印良品的产品
一直保持环境整洁的扫除术

> 只要使用那些能够令打扫变得简单的装置，就能够轻松地保持房间里环境的整洁了！我们可以简单归纳为"收纳＝容易打扫"

OSAYO因为每天在Instagram上发布关于打扫以及家务的创意，一下获得了大量关注。她在当职场母亲的同时又毫不费力地维持家中整洁，到底其中有什么技巧呢？那是因为她有心爱的无印良品的产品，以及使用这些产品的诀窍。

首先，请容许我开门见山地提问，真的有那种即便没有时间也可以保持整洁的打扫诀窍吗？

"如果要等到污渍积累以后再开始打扫的话，本来就很麻烦的打扫工作很可能就会变得更加辛苦，因此我推荐在没有变得那么脏的时候就开始打扫。为了做到这一点，平时最好不要将打扫用的工具收纳起来，并且尽量将它们放置在可以轻松取用的固定位置。"OSAYO将海绵、笤帚都摆放在需要打扫的场所附近，随时待命。虽然房间里整洁漂亮，不过目光所及的地方竟然都收纳有

打扫工具，其数量之多，真的令人吃惊。

"特别是无印良品的打扫工具，全部采用的是即便被看到也不会觉得破坏房间美观的简约大方的设计。所以即便是直接摆在外面，也只会让人觉得充满了生活气息，我十分喜欢这一点。"似乎这便是她中意无印良品产品的原因。

"尤其是在打扫起居室的时候，我一定会用到'扫除用品系列 微纤维轻便拖把'（790日元）或者'扫除用品系列 地板拖把'（490日元，拖布需另外购买），因为它们使用起来真的非常趁手，我在结婚前就已经十分喜爱使用了。"正因为长年使用，所以更加清楚其中便利所在，也因此更加喜爱。因为是需要每天使用的工具，所以对打扫工具如此重视和喜爱。

人物简介

OSAYO可以说是一名整理收纳顾问，她从两年前开始会在Instagram上发表家务更新，并逐渐拥有了28万的粉丝，其中绝大多数是正在抚养孩子的母亲。作为拥有两个孩子的母亲，她灵活运用在住房改造公司的工作经验，发表了关于家务劳工方方面面的各种创意小窍门。而且她还曾经出现在《日本电视台 超清爽！！》《RKB：今日感 电视节目》《九州朝日放送：早上了》《FBS：想看 电视节目》《朝日放送：早上好，这里是朝日》，以及《日本经济新闻》《ESSE》《Liniere》《CHANTO》《Baby-mo》等众多电视节目、报纸杂志媒体上。

喷雾类

擦洗用扫除系列

擦试用扫除系列

排列在一起的是，"扫除用品系列　微纤维轻便拖把"（790日元）"扫除用品系列　地板拖把（490日元。拖把柄是扫除用品系列　伸缩式铝杆　390日元）""扫除用品系列　地板拖把用拖把　湿擦"（490日元）等。

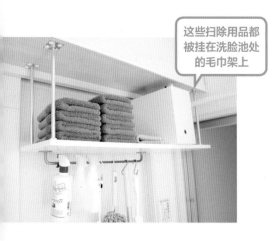

这些扫除用品都被挂在洗脸池处的毛巾架上

我家有许多无印良品
的扫除用具，
我将它们摆放在随时
都可以取用的位置

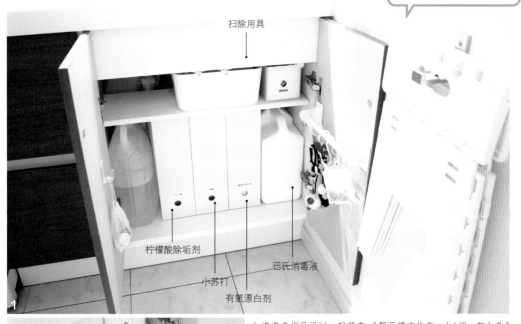

用无印良品的盒子将洗涤剂类产品收纳在水槽下，这样便于取用

扫除用具

柠檬酸除垢剂

小苏打

有氧漂白剂

巴氏消毒液

即便是比较重的物品也可以轻松拖出

1 洗涤类用品可以一起装在"聚丙烯文件盒 A4用 灰白色"（690日元）中，便于抽取使用

2 即便是量贩装的粉状洗涤类用品也可以轻松拖出，经常会使用到的小苏打以及柠檬酸除垢剂可以用文件盒进行分类以后收纳

　　"扫除用具取用要方便"是OSAYO的信条。洗涤剂以及小苏打因为会在进行与水相关的打扫时用到，所以摆放在水槽附近，并且在洗脸池下方用盒子整理收纳。装洗涤用品的盒子全部选用"聚丙烯文件盒 A4用 灰白色"（690日元），做到了整洁美观。"购买了2～5千克的量贩装粉状洗涤类产品后，会先装进密封袋中再竖着放进盒中并排收纳，使用的时候会十分方便。"OSAYO如是介绍道。而且文件盒的一侧有开孔，可以协助使用者很方便地抽出文件盒，是这款商品设计上的一大亮点。这样即便是那些分量较重的粉状洗涤类用品也可以很轻松地取出来了。由于使用了多个同种的文件盒，为了能够立刻分辨其中收纳的物品，可以贴上标签进行标注！现在有了这套组合，扫除前的准备工作只需要两分钟便可以完成了。

　　此外，在清洁地板的时候，OSAYO尤其喜爱使用无印良品的湿擦型地板拖把。"比起一次性纸巾式拖把，这种拖把的去污性能更强，用起来十分舒适。"

皂液

柔顺剂

有氧漂白剂

将洗涤剂摆放在触手可及的架子上

即便是繁忙的时候，也可以"顺便"用几分钟搞定。每天早晨的第一件事情便是确保用水相关场所的整洁。只是做到这一点，便可以将打扫工作变得更加轻松

在每天的繁忙生活中，确保很好地完成打扫工作真的十分辛苦。OSAYO每天早晨需要做的第一件事情便是清洁那些与用水相关的场所，差不多整个上午的时间可以完成扫除工作。其实对那些早晨没有时间的人来说，"总而言之，几分钟搞定"的程度也足够了。"即便每天早晨只花费几分钟的时间，也可以很好地维持家中环境整洁。因为只要有做简单的晨间扫除，便可以在忙碌了一天倍感疲劳地回到家中时拥有一个干净整洁的环境，从而获得充分的休息，所以我个人十分推荐。"

在这些用水相关的场所使用的收纳工具全部

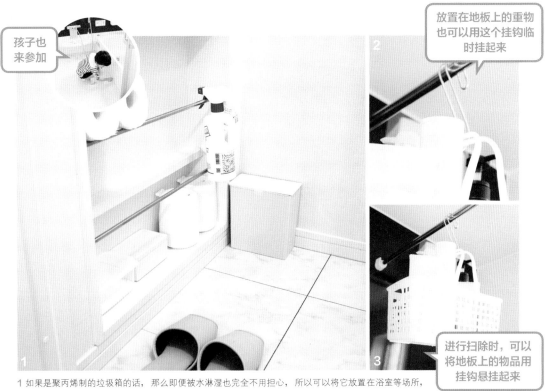

孩子也来参加

放置在地板上的重物也可以用这个挂钩临时挂起来

进行扫除时，可以将地板上的物品用挂钩悬挂起来

1 如果是聚丙烯制的垃圾箱的话，那么即便被水淋湿也完全不用担心，所以可以将它放置在浴室等场所，可以完美地将垃圾都隐藏起来，确保环境的整洁

2 大型挂钩的话，即便是相对较重的扫除用具也可以十分稳定地悬挂好。一旦地板上没有其他物品，便可以尽情地进行大扫除了

3 在扫除的过程中，可以使用"不锈钢不易横向偏移S形挂钩 大 2个装"（650日元）将放置于地板上的物品都悬挂起来，从而使清扫的过程变得轻松

统一选用了白色，并且由防水材质制成，即便沾染了污垢，也只需用水冲洗就可以清理干净，十分便捷。正因为是容易积聚潮气的洗衣机周围，所以更加推荐那些可以一直保持清洁卫生的工具。

窗边用来摆放洗涤剂以及洗涤用品的架子是挂在墙壁上的"壁挂式家具 铝制架子 44厘米"（3890日元）。

"可以在原本没有收纳场所的地方，根据需要进行安装的壁挂式架子。曾经有一段时间，我使用的是普通的木制架子，结果不但很容易受潮，而且还会因为滴在上面的洗涤剂而出现表面掉色的情况。于是我之后便选用了铝制材质的架子，这样即便是在这种充满水和洗涤用品的环境中使用也不会出现任何的问题，我十分满意。"

此外，OSAYO还有在浴室以及洗手间使用无印良品的产品来制造出令扫除工作更加简单快捷的小机关。如果想要维持家中清洁，那么可以用来每天丢弃日常垃圾的"聚丙烯垃圾箱 方形 附带挂袋器 小"（790日元）绝对是必不可少的。"不锈钢不易横向偏移S形挂钩 大 2个装"（650日元）则可以将摆放在地板上的东西悬挂起来，方便地板清洁工作的进行。

"挂钩类的产品可以悬挂各种物品，十分方便，不但是扫除的时候可以用到，还可以在厨房等场所进行各种灵活应用。"

想要家中不积存污渍、灰尘、黏液等污垢，一直维持干净整洁的话，最关键的部分便是不要将物品直接放置在地板或者是台面上！OSAYO之所以可以一直维持整洁美观，是因为房间里到处都有用来悬挂收纳物品的挂钩。

临时存放

到了晚上，可以将物品一股脑都先摆放在这里

1

2

临时存放

1 由 "聚丙烯收纳盒" 系列和 "可重叠长方形藤编篮子"（750日元）组合而成的起居室收纳

2 为了 "总之先收拾干净" 将物品都临时存放在这里。购物袋等物品不要直接丢在地板上，而是都放在这里

"在每天晚上睡觉前，只将当天产生的污渍、垃圾进行 '重置扫除'。虽然这不过是一件小事，但是只要养成了这个习惯，那么我们家就不再需要大扫除了！"

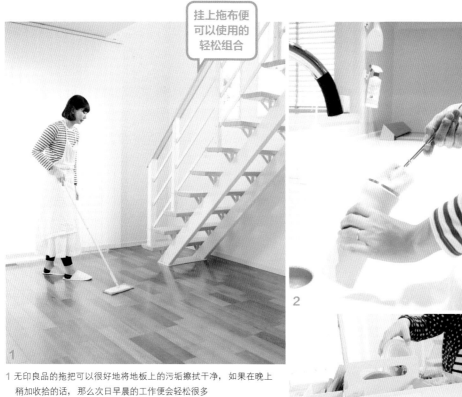

挂上拖布便可以使用的轻松组合

1 无印良品的拖把可以很好地将地板上的污垢擦拭干净，如果在晚上稍加收拾的话，那么次日早晨的工作便会轻松很多

2 "带把海绵刷"（700日元）在晚餐过后的清洁时总是能派上用场。因为它整体细长，而且可以根据实际用途替换海绵，所以即便没有清洗瓶子专用的海绵也没有关系

3 孩子的玩具则可以收纳在"聚丙烯收纳手提箱　宽型　灰白色"（990日元）中，在扫除前搬走

　　因为想要配合晨间扫除，于是开始了晚间睡前只花十分钟的"重置扫除"。"如果当天的污渍和垃圾当天就清理干净的话，次日早晨的扫除就能变得轻松许多。"孩子们也跟大人一起，在晚上全家人共同合作将家里进行重置扫除，这是OSAYO家里的规矩。

　　如何顺畅地将一天进行重置，要诀便是为各个物品规定固定的位置。因为要做到每天都仔仔细细地进行扫除和整理实在是太难了，所以在起居室的收纳里规划出一个区域用来快速收纳，将那些物品"总之先收拾干净"地进行临时存放。

　　"会让人觉得麻烦的事情是不会长久的，所以可以轻松地进行快速收纳是十分必要的，这样扫除的过程也会变得轻松许多。"因为OSAYO家的收纳方式简单快捷，所以到了晚上，孩子们也会主动地进行收拾整理。房间里到处都能够随手摆放进去就可以收纳完成的收纳工具组合，简单便捷。

将文件放入 **A4文件盒里** 的话，扫除也变得轻松了

　　摆放在起居室中的收纳基本上很难避免被外人看见，所以选用了白色以及灰白色等相对统一的颜色以确保整体感以及清洁感。

　　在收纳工具中，最常用到的就是可以将文件竖着放进去的A4尺寸的文件盒。不但可以很快地找到需要的文件，而且在需要打扫的时候也十分轻松。只需要将盒子整个拿起便可以用吸尘器进行打扫，所以基本上不会积存灰尘。

　　顺便一提，最下方的收纳盒因为附带滚轮，所以在打扫的时候十分便利。

Anika

附有滚轮

1 聚丙烯文件盒
标准型
宽型
A4用
灰白色
约宽15×深32×高24厘米
价格：990日元

2 聚丙烯文件盒
标准型
A4用　灰白色
约宽10×深32×高24厘米
价格：690日元

可以尝试用 **精油** 来协助地板清洁

　　一般来说，在整理完房间以后会进行地板的清洁工作。我会在擦拭清洁的时候，随处滴上几滴精油，这样不但会留下香味，而且能够起到抗菌的作用，我个人十分推荐。

Aayumi

精油
桉树
10毫升
价格：990日元

椅子脚的毛毡垫片上的灰尘可以用 **地毯除尘器** 来清理

　　椅子脚贴着的毛毡垫片上的灰尘我会用地毯除尘器来清理。这款扫除用品设计简约大方，即便直接摆放在可以看见的地方也绝对不会破坏房间的美观。

Apyokopyokop

扫除用品系列
地毯除尘器
约宽18.5×直径7.5×高27.5厘米
价格：390日元

只要190日元，地毯除尘器可以变身为万能扫除器

　　本身就十分时尚的无印良品地毯除尘器，现在给它加装上只需要190日元的延长柄，它就能够变身为万能扫除器了。有了这个万能扫除器，可以不用蹲下，以各种姿势进行扫除。

　　只需左脚协助便可以轻松地将它装回收纳外壳中，然后摆放在厨房的一角便可，完全不会占用空间。自从我为它加上了延长柄之后，比之前使用起来更加灵活方便了。

A阪口YUUKO

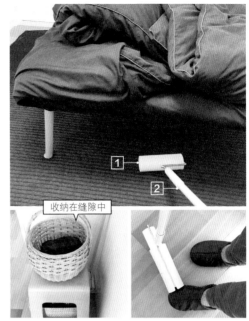

收纳在缝隙中

1 扫除用品系列
地毯除尘器
约宽18.5 × 直径7.5 ×
高27.5厘米
价格：390日元

2 扫除用品系列
轻量短杆
约直径2 × 长58厘米
价格：190日元

可以轻松地挂在晾衣杆上，使用简便的悬挂式钢丝夹

　　在我们家，加湿器的过滤网每个月都要使用柠檬酸除垢剂浸泡一次，并且晒干。这个时候无印良品的悬挂式钢丝夹就可以派上用场了，它可以很轻松地将物体悬挂在晾衣杆上。

Amayuru.home

不锈钢
悬挂式钢丝夹
4个装
约宽2 × 深5.5 ×
高9.5厘米
价格：390日元

无印良品的木短杆即使随手摆放也非常美观

　　无印良品扫除用的木制短杆简约时尚，即便直接摆放在玄关也丝毫不会破坏环境，反而非常美观。因为特别喜欢，经常会拿来打扫，所以玄关总是十分干净。夜晚无法使用吸尘器的时候，便是它大显身手的时刻。

Amari_ppe_

扫除用品系列
木短杆
室内用
约直径2 × 长110厘米
价格：1800日元

使用无印良品的拖把可以**有效地缩短湿擦时间**

我们家所使用的无印良品的地板拖把为木制短杆，主要用来清洁室内地板，尤其是在湿擦地板的时候，真的特别好用。之前我都是使用抹布来擦地板的，真的是非常辛苦，现在有了这款拖把，一切变得轻松了许多，时间也大大地缩短了。

其实，现在这款拖把的头部是我最近刚刚更换过的。我发现，在变换成湿擦模式的时候，夹住拖把布的部分变得比之前更加柔软了，很容易地便可以取下进行替换了。有换新的真的是太好了！

虽然我也有在使用其他家公司的产品，但是感觉还是无印良品的湿擦用拖把更加便利，而且木制短杆可以用于其他的扫除用品。另外，最重要的是，它的外观简约大方，我十分喜欢。

Amayuru.home

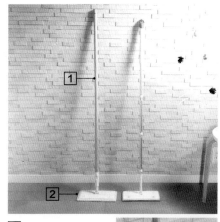

1
扫除用品系列
木短杆 室内用
约直径2×长110厘米
价格：1800日元

2
扫除用品系列
地板拖把
约宽25×深10×高16.5
厘米
价格：490日元

可以轻松地变换为湿擦用拖把

扫除用具全部装进手提包里，**挂在墙上收纳**

我们家二楼的卧室里摆放有专门的扫除用具，我将它们都收纳在白色手提包里，然后挂在挂钩上。这样既不占地方，又可以保持外观整洁美观，而且想要用的时候便可以轻松取出，随时都可以进行打扫。

在这个手提包里，我用来代替抹布所使用的是无印良品的碱性电解水清洗喷雾，地毯除尘器则可以用来清理被褥以及枕头上的毛发。另外，吸尘器的棉被用吸嘴也放在这里。

Amayuru.home

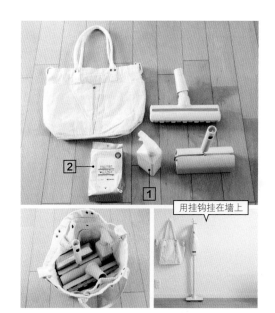

用挂钩挂在墙上

1
碱性电解水清洗喷雾
约400毫升
价格：490日元

2
地板拖把用
替换纸
碱性电解水湿膜
20枚装
价格：230日元

厚实的**瓷器收纳瓶**特别适合用来盛放扫除工具

其实，我用得最多的无印良品商品是这款瓷器收纳瓶。因为是瓷器，所以有塑料所没有的厚实质感。首先是厨房用具收纳瓶，它适合用来收纳厨房用具，不但外观简洁，而且取放方便，更加不用担心倾倒，有十足的稳定感。

然后是较小的餐具收纳瓶，本来是用来摆放餐刀、汤匙的，不过我将经常会使用到的体温计放在了里面。总而言之，这个瓶身的高度真的刚刚好，放笔进去既不会被看得一清二楚，取用的时候又不会很难，当然，还十分美观，我真的是太喜欢了。

A阪口YUUKO

高度恰到好处

1 米瓷
餐具收纳瓶
约直径7×高10厘米
价格：590日元

2 米瓷
厨房用具收纳瓶
约直径9×高16厘米
价格：890日元

可以整个用水清洗的**无敌纸巾盒**

我们家的LDK（起居室、餐厅、厨房）的中心位置摆放有无印良品的亚克力纸巾盒。因为这款纸巾盒是透明设计，所以可以搭配任何类型的室内装饰风格，可以说是无敌的纸巾盒。对我来说，它还具有可以一眼看见纸巾余量的优点。

不过，因为是透明的，所以更加需要时常清洗。我总是在里面的纸巾用完的时候就将它整个用水清洗，每次都可以看到数量惊人的指纹印！不过这也可以理解，毕竟需要使用纸巾的时候多数是手正脏的时候……之所以会摆在这个位置，是为了在厨房的时候也可以轻松地抽取纸巾。也因此，面向厨房的一侧油污特别严重。

虽然透明外观稍微有些麻烦，但是它现在也在我们家的LDK很好地发挥着它的作用。

A阪口YUUKO

不论什么样的房间都很适合

1 亚克力纸巾盒
约宽26×深13×高7厘米
价格：790日元

被水弄湿也不怕！ 悬挂式钢丝夹的扫除术

在我们家经常会用到无印良品的"悬挂式不锈钢钢丝夹"。因为它是不锈钢制，不用担心会生锈，所以在使用场所上没有任何限制，可以用于各种情况。因为可以将物品悬挂起来，这样地板上就会较难积存灰尘和污渍，而且在打扫的时候也会格外轻松。

有了这款钢丝夹，便可以在玄关利用撑杆将长靴悬挂起来，在浴室将洗面奶以及起泡网也挂起来。而且在悬挂浴室的洗脸盆的时候，比起S形挂钩，悬挂式钢丝夹更加适用。

此外，还可以用来夹文件，夹需要晾干的习字毛笔。四个只需要390日元，这个便宜的价格也是它的优点之一。

A阪口YUUKO

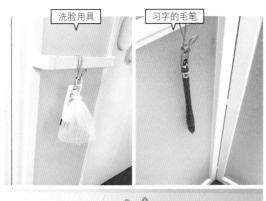

洗脸用具　习字的毛笔

悬挂长靴

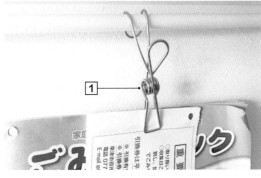

1

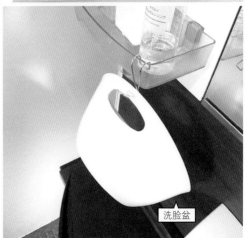

洗脸盆

1

悬挂式不锈钢钢丝夹
4个装
约宽2×深5.5×高9.5厘米
价格：390日元

用瓷砖专用刷清洗换气扇的过滤器

如果想要清洗换气扇的过滤器的话，我推荐无印良品的瓷砖专用刷。稍微有一些硬的刷毛用来清洗过滤器的网感觉正好，很轻松地便可以清理干净了。

Apyokopyokop

瓷砖专用刷
约宽3×深19×高9.5厘米
价格：250日元

既整洁又可以协助女儿自己动手的刷牙用具收纳

为了让女儿可以学会自己动手，我将刷牙用具放在了最下方的位置。使用了在日本百元店购买的牙刷架来摆放牙刷，牙膏则是用无印良品的悬挂式钢丝夹挂着。不但看起来美观，而且方便清洁。

Aayumi

不锈钢悬挂式钢丝夹　4个装
约宽2×深5.5×高9.5厘米
价格：390日元

如果是白色的聚氨酯泡沫，那么用具的颜色就可以轻松统一了

我将浴室里使用的用具统一换成了朴实的白色，就连洗发水瓶上的标贴我也撕掉了。特别是聚氨酯泡沫三层海绵，不但颜色不会破坏浴室的整体色调，而且功能上也十分优秀。

Aayumi

聚氨酯泡沫
三层海绵
约宽7×深14.5×
高4.5厘米
价格：250日元

只需要替换拖把头上的部件便可以派上多种用途的无印良品拖把

即便只有一点点也好，希望可以更轻松地完成家务劳动。我在每月一次擦拭地板的时候都会使用无印良品的拖把。因为可以更换拖把头上所使用的部件，所以既可以干擦也可以湿擦，如果使用打蜡喷雾的话，在清扫地板的同时就可以为地板打蜡，大大缩短了劳动时间。

Anika

扫除用品系列
地板拖把
约宽25×深10×
高16.5厘米
价格：490日元

有了可以轻松沥水的丙烯酸水杯，清扫工作也变得轻松了

直到不久以前，我们家都是用无印良品的白瓷牙刷架来摆放牙刷的，不过，现在我已经是在用它来摆放刮胡刀了。因为每一把牙刷都要对应一只牙刷架，在做清洁的时候，每只牙刷架都需要清洗，这样实在是太麻烦了。当我意识到这一点的时候，我便及时终止了这种做法。现在我则是使用无印良品的丙烯酸水杯来代替牙刷架存放我们家的牙刷，全部的牙刷只需要一只水杯便可。

因此，需要取出全家人的牙刷的时候也变得十分简单了。首先，将洗脸池用抹布擦拭干净，之后将牙刷排列在已经被擦拭干净的区域，再将丙烯酸水杯清洗干净，之后只需要大力地甩几下杯子上的水就可以了。丙烯酸杯子的沥水性能真的非常好。而且这款杯子的尺寸较小，一直到杯底都可以用手直接清洗，十分方便。

A阪口YUUKO

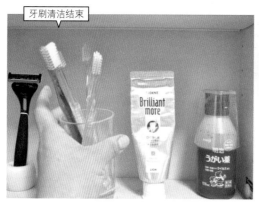

牙刷清洁结束

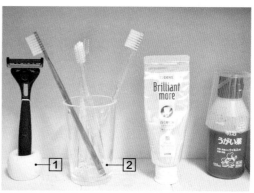

1　2

1
白瓷牙刷架
1根用
约直径4×高3厘米
价格：290日元

2
丙烯酸水杯
约直径65×85毫米
价格：590日元

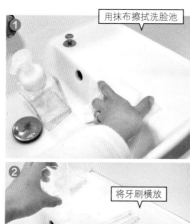

① 用抹布擦拭洗脸池

② 将牙刷横放

③ 尽情地清洗吧

将海绵切成两半的话会非常实用

截至目前，我都是使用的从药妆店购买的整块海绵，但是因为想要尺寸较小的海绵，所以我在无印良品购买了聚氨酯泡沫三层海绵。当我将它切成两半之后，它真的变得更加好用了。

我发现这款海绵真的超级好用，非常适合我的小手。材质较细的部分擦拭起来感觉非常好，很容易使力。而且在切成两半以后，摆放时更加稳定了。因为整体面积变小了，所以在使用的时候不得不多擦几遍，但是去污能力并没有减弱，所以还是相当节约的。

A阪口YUUKO

用剪刀剪成两半

稳定感上升

1 聚氨酯泡沫
三层海绵
约宽7×深14.5×高4.5厘米
价格：250日元

将消耗品进行整理，可以让洗手间的扫除工作更加轻松

如果不管洗手间架子的上层，是不是会很容易只摆放一些大型物品？于是我们家购买了数个无印良品的文件盒摆放在那里。文件盒的颜色是统一的白色，朴实大方，与洗手间整体风格非常协调。如果将洗涤剂、洗发水、海绵等扫除用消耗品的囤货都放在里面的话，竟然可以存放不少，打扫的时候也会非常简单。

而且统一都放在盒子里的话，在扫除的时候可以直接搬去需要打扫的场所，余量也可以一目了然，甚至能给人带来打扫的干劲。

A阪口YUUKO

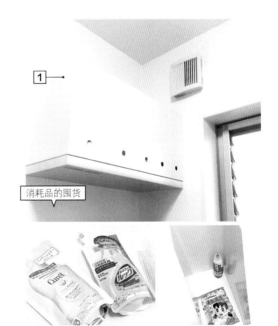
消耗品的囤货

1 聚丙烯文件盒
标准型　宽型
A4用　灰白色
约宽15×深32×高24厘米
价格：990日元

备齐扫除用具，为浴室清洁打气吧

在天气寒冷的时节，原本就非常令人讨厌的浴室清洁会让人更加觉得麻烦。我个人的话，会将那些觉得使用起来十分方便的浴室扫除用具都准备齐全，并通过这种方法给自己创造干劲。

无印良品的浴室用品用白色进行了统一，浴室用品以及扫除用具等根据具体功能布局规划，并且用悬挂式钢丝夹和S形挂钩等进行悬挂。当浴室整体变得清爽整洁以后，干劲自然也就上升了。

实际上，如果各种功能的扫除用具都有预备齐全的话，那么当发现有污渍的时候，便会自然而然地迅速将那个部分打扫干净了。而且细致的清洁工作可以预防霉菌的滋生。

Akumi

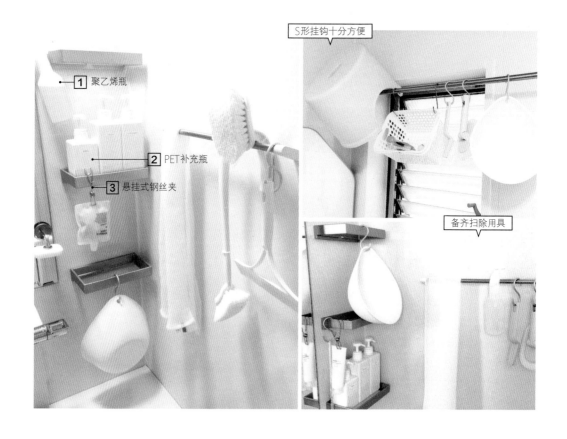

S形挂钩十分方便

备齐扫除用具

1 聚乙烯瓶
2 PET补充瓶
3 悬挂式钢丝夹

1

聚乙烯瓶
喷雾式
500毫升
透明
价格：490日元

2

PET补充瓶
白色
400毫升
价格：250日元

3

悬挂式不锈钢钢丝夹
4个装
约宽2×深5.5×高9.5厘米
价格：390日元

厨房的收纳架里是装着扫除用具的文件盒

您家的厨房里是不是也有这么一个又浅又窄、位置很低、十分难用的抽屉？我在前些日子重新发现了它的使用方法。

其实，我竟然发现无印良品的1/2大小的文件盒和这个抽屉的大小正好合适！然后我还在一侧的缝隙里摆放了化妆盒。洗涤剂的替换包装、海绵类产品、扫除用品等，都可以进行收纳，感觉像是中了大奖。

至于尺寸不适合的部分，只需要一根百元店买来的撑杆便可以解决问题。这么做以后，不论是抽出还是推入，都十分顺畅了，还非常容易清理。

Ayu.ha0314

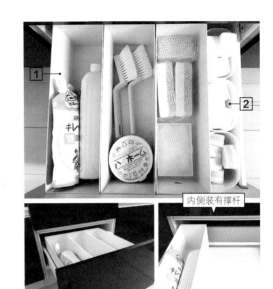

内侧装有撑杆

1 聚丙烯
文件盒 标准型
灰白色 1/2
约宽10×深32×
高12厘米
价格：390日元

2 聚丙烯
化妆盒
1/2横型
约宽10×深32×
高12厘米
价格：390日元

灵活运用S形挂钩可以使扫除用具更加干净卫生

可以将扫除用具用无印良品的S形挂钩悬挂在浴室的门上。带柄海绵可以用于整体清洁，硬毛刷则可以清理那些污渍较重的地方。如果再用除菌纸细致地擦拭一番的话，便会什么污渍都没有了。

Ayu.ha0314

铝制
S形挂钩 大
约宽5.5×高11
厘米
价格：150日元

将刮把的替换橡胶换成白色之后感觉更好看了

刚洗完澡的时候，需要使用刮把将镜子上的雾气除去。但是橡胶的部分原本是黑色的，总是让我十分在意，最近发现了白色的替换条，立刻换了上去，整个感觉立刻不一样了，使用的时候都多了几分干劲。

Ameg

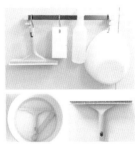

扫除用品系列
刮把
约宽24×深7×高18
厘米
价格：550日元

浴室可以用瓷砖专用刷进行各个角落的打扫

要说清洁浴室的必需品的话，首推便是无印良品的瓷砖专用刷了。这款刷子设计成各个细致的角落都可以清洁到的形状，总而言之，是浴室地板清洁必不可少的一款扫除用具。另外还有一款必须介绍的扫除用具便是无印良品的聚氨酯泡沫三层海绵了，这款海绵不但起泡效果好，而且十分容易沥干水分。

这两款无印良品的产品是每天打扫浴室时必不可少的扫除用具，所以我会挂在墙上的挂钩上。我将洗脸盆挂在浴室椅子的挂钩上，并且将海绵摆放在上面，这样洗澡的时候立刻就可以拿来使用了。

Aayumi

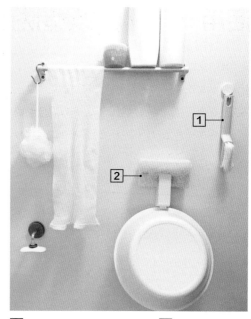

1 瓷砖专用刷
约宽3×深19×高9.5厘米
价格：250日元

2 聚氨酯泡沫
三层海绵
约宽7×深14.5×
高4.5厘米
价格：250日元

有了磁石式挂钩，浴室用鞋可以随意地挂在不同地方

我们家的浴室用鞋为了方便负责浴室清洁的儿子使用，原本是用吸盘式挂钩挂在洗衣机前面的。但是，当有客人来访的时候为了不过分引人注目，就会移动到侧面的位置。因为是吸盘式的，会紧紧地吸在洗衣机上，所以不但很难取下，而且如果没有吸好的话，很快便会脱落。实在是不适合需要时常更换位置的需求。

于是我购买了无印良品的磁石式挂钩。之前一直烦恼我的难题一下子就解决了，以后可以十分轻松地更换位置了。

A阪口YUUKO

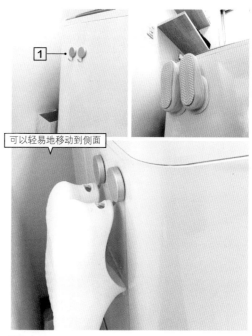

可以轻易地移动到侧面

1 铝制挂钩　磁石式　大型　2个装
约宽5×高7厘米
价格：390日元
※照片中为旧款商品样式

活用文件盒，改造洗脸池下的收纳

我们家二楼也有洗手间，在那里的洗脸池下主要收纳与洗手间相关的物品。可惜这处收纳虽然空间很大，但是却有水管碍事，所以在收纳的时候存在有一些困难。于是我尝试着在这里摆放了无印良品的文件盒。

宽型文件盒的尺寸正好可以用来存放厕纸，

而标准型的文件盒则可以用来收纳一次性手套以及垃圾袋等扫除用具的囤货。从那以后，不但使用起来变得更方便，清扫起来也更加轻松。而且因为文件盒将扫除用具和厕纸的储存场所进行了区域分隔，感觉更加卫生了。

Apyokopyokop

将扫除用具囤放于洗脸池下方

1
聚丙烯文件盒
标准型
宽型
A4用
灰白色
约宽15×深32×高24厘米
价格：990日元

2
聚丙烯文件盒
标准型
A4用
灰白色
约宽10×深32×高24厘米
价格：690日元

只要针对洗脸池的收纳下一番功夫，扫除便会更加轻松

　　每天都会使用的洗脸池，不知道为什么总是很容易变得乱糟糟的。我也曾经为了让洗脸池用起来更加方便而做过一些错误的尝试。

　　洗脸池上方的架子上摆放着百元店购买的化妆盒，左侧是摆放牙刷的空间（牙刷架为无印良品购买的白瓷款），隔壁则是摆放眼镜以及隐形眼镜的区域。化妆盒即便被牙刷上的水弄湿也没有关系，而且可以让扫除变得更加轻松。

　　另外，在架子的下方我还安装了在百元店购买的撑杆，然后用无印良品的悬挂式钢丝夹悬挂牙膏等物品。特别是只要将悬挂式钢丝夹倒过来就可以用来悬挂刷牙用的杯子，而且不会很贵，十分方便。

　　Anika

1
不锈钢悬挂式钢丝夹
4个装
约宽2×深5.5×高9.5厘米
价格：390日元

2
白瓷牙刷架
1根用
约直径4×高3厘米
价格：290日元

在死角里摆上便于扫除的储物箱吧

因为有下水管道的关系，洗脸池下的收纳总是不能很好地利用起来，最终很容易变成收纳死角。其实我们可以通过利用储物箱和文件盒更好地利用这块收纳空间。

因为洗脸池下的收纳原本就有门，一旦有灰尘进入，便会一直留在里面，所以我选用了无印良品的聚丙烯追加用储物箱浅型和深型，这样便可以一定程度上防止灰尘的积存，十分适合用来作为洗手液的容器和洗涤剂等物品的收纳场所。

因为储物箱是抽屉式的，所以不用担心灰尘进入，而且取用也很方便。在它的上方，我还摆放了用来装牙刷、隐形眼镜等日用品的化妆盒。而在它的旁边，则是文件盒（A4），并且选用了有切斜角度款式，以配合下水管道的布局。有了这套收纳用品，柜子里的扫除工作也变得简单了许多。

Aayumi

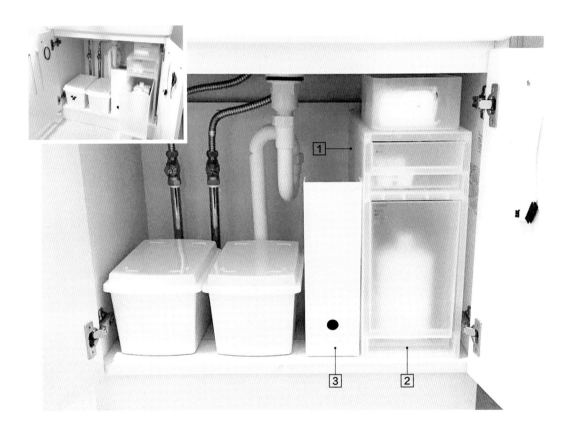

1

聚丙烯
追加用收纳箱
浅型
约宽18×深40×
高11厘米
价格：690日元

2

聚丙烯
追加用收纳箱
深型
约宽18×深40×
高30.5厘米
价格：1190日元

3

聚丙烯 文件盒
A4用 灰白色
约宽10×深27.6×
高31.8厘米
价格：690日元

在厨房使用**开放式收纳**的话，能够激发人的打扫欲望

右下角的架子是厨房的关键点。它宽约112厘米，极具存在感，将这样的架子摆放在的台子下为整个厨房带来了特别的整体感。因为这是开放式收纳，所以能够激发人的打扫欲望。另外，虽然一旁灰白色的文件盒里摆放了厨房用的扫除用具以及洗涤剂等多种物品，但是进行打扫的时候只需要简单拖出便可以快速使用，这也是让扫除变得轻松的关键。

我最喜欢家里厨房的景色了。烤箱、微波炉等，我都是选用的最简单的款式，架子上的餐具以及小物品等也都是挑选的最简洁的设计。其结果便是打造出了这个只有原木色和黑色以及白色的朴实组合，让人有想保持它们干净整洁的干劲。

Alokiki_783

烤箱
微波炉

③ ② ①

1

不锈钢
单元架
追加用不锈钢板
宽112厘米型专用
价格：8990日元

2

不锈钢　单元架
不锈钢制　追加用支架　迷你
高度46厘米型专用
价格：2790日元
※隔板需要另外购买

3

聚丙烯　文件盒
标准型　宽型
A4用　灰白色
约宽15×深32×高24厘米
价格：990日元

用挂钩代替厨房用的垃圾箱，便可以省去清扫的环节

厨房的垃圾箱的污垢总是非常夸张，我真的特别讨厌在大冬天清洗垃圾桶。

于是我想到一个办法，那就是舍弃垃圾桶，然后使用无印良品的不锈钢可安装在门上的挂钩在水槽的一侧挂上垃圾袋，将垃圾直接丢进垃圾袋中。顺便一提，左边的垃圾袋是厨余垃圾用，右边的垃圾袋是可燃垃圾用。

其实，从我们家的后门出去不远处便有装着市内垃圾袋的大型垃圾箱，所以我只要在厨房的垃圾袋被装满之后再拿去外面的垃圾箱就可以了。这样我便可以从清理垃圾箱这个无用功里解放出来了。

A阪口 YUUKO

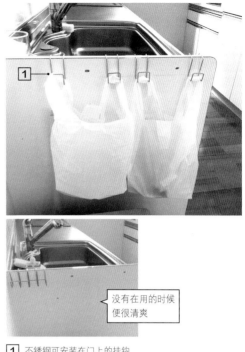

没有在用的时候便很清爽

1 不锈钢可安装在门上的挂钩
约宽3.5×深6×高6厘米
价格：190日元

有了单元架，扫除也变得更容易了

之前便一直很让我头疼的厨房里的架子，终于被我换成了无印良品的不锈钢单元架。果然无印良品的家具最棒了，跟我想象的一样令人满意！

虽然整体配置跟之前一样，不过之前的架子不管是深度还是高度都不一样，是我硬组合到一起的，但是现在全部换成了无印良品的产品，高度和深度都一致了，所以外观上清爽了许多，而且我还在中间部分添加了帆布篮子的抽屉。另外，因为架子的最下方是空的，所以打扫起来意外地轻松。

虽然这款架子必须由自己来组装多少有点辛苦，但是如果某个部分刮伤损坏的话，可以将木板直接替换掉，所以应该可以使用很长时间。

Amari_ppe_

1 不锈钢　单元架
橡木材质架子组合
宽型　小
宽86×深41×高83厘米
价格：2万1900日元

2 不锈钢　单元架
追加架板　橡木材质
宽84厘米型专用
价格：4990日元

扫除用具全部摆放在洗碗机下方

洗碗机下方的抽屉使用起来似乎总是不太方便。在我们家，这里收纳的都是厨房扫除用具，这样在打扫厨房周边的时候就会轻松许多。

虽然除湿剂、漂白剂、护手霜等物品都是直接收纳在抽屉里的，但是备用海绵、刷子、排水口用的过滤网等小物品我都另外摆放在无印良品的化妆盒里。这样便可以重叠在一起摆放，非常方便。

无印良品容器的设计既简单又美观，无论什么样的组合都不会出现违和感，并且可以很漂亮地将物品收纳整齐。一旦有需要的时候，便可以去补充购买。当然，稍微沾染上污渍以后只需要用水冲洗便可以清洗干净，所以很容易保持干净整洁。

Apyokopyokop

水槽下方摆放了化妆盒

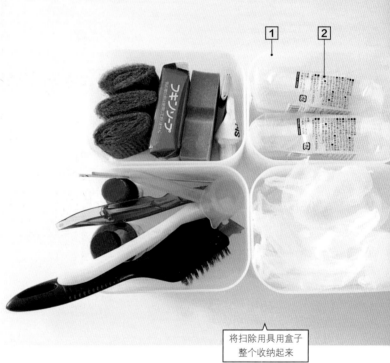

将扫除用具用盒子
整个收纳起来

1

聚丙烯
化妆盒 1/2横型
约宽15×深11×高8.6厘米
价格：190日元

2

聚氨酯泡沫
三层海绵
约宽7×深14.5×高4.5厘米
价格：250日元

清洗餐具用的抹布可以选用麻布巾

在厨房周边，抹布总是起到很重要的作用，不过污渍在常用的白色抹布上总是十分显眼。挂着晾干的时候，生活感被完全呈现在眼前，让人丧失用它来清洗餐具的动力。

但是如果选用无印良品的50×50厘米的正方形尺寸麻布巾的话，在用挂钩挂着晾干的时候，您可以看到它上面设计简约的条纹，为厨房起到装饰作用，改变厨房给人带来的感觉。

而且它比长方形的抹布要短，能够给人留下清爽整洁的印象，再加上麻布独特的风格，不会产生过多的生活感。再加上还有面积较大，容易晾干的优点。

无印良品的麻布巾花纹和颜色加起来一共有九种，能够有多种选择这点也令人十分开心。

ADAHLIA ★

可以根据心情进行挑选

1
麻布巾　条文
白色 × 亚麻色
约宽50 × 深50厘米
价格：690日元

2
麻布巾　条文
亚麻色 × 黑色
约宽50 × 深50厘米
价格：690日元

3
麻布巾　厚款
亚麻色
约宽50 × 深50厘米
价格：790日元

令厨房使用起来更加便利的
壁挂式家具

可以轻松地进行安装

我们家的厨房里的墙壁上安装了橡木材质的"壁挂式家具 箱子"。如果家里的墙壁是石灰墙的话，任谁都可以轻松地安装。我将箱子安装在与实现齐平的位置，这样在擦拭和打扫的时候便会非常轻松。

我还在冰箱壁上使用了多个无印良品的磁石系列产品，挂着抹布的那个是磁石式铝制环形毛巾架。将抹布挂在这里，在需要擦拭台面或者是架子的时候就会非常方便。另外，磁石式厨房纸架也意外地实用，可以说是厨房之宝。在食材被打翻的时候，可以立刻抽取擦拭。

Akumi

1 ABS厨房纸架
磁石式
价格：490日元

2 壁挂式家具 箱子
宽44厘米 橡木材质
约宽44×深15.5×
高19厘米
价格：3890日元

在架子里摆放杯子的时候加上一只不锈钢钢丝筐就会十分方便

在厨房的架子里存放杯子的时候，我会使用不锈钢钢丝筐进行收纳，因为这样就可以将杯子一次性地从架子里取出，打扫架子的时候便会更加轻松。旁边的垃圾箱虽然是旧款型号，但是因为可以挂购物袋，所以也十分好用。

Amari_ppe_

18-8
不锈钢丝筐2
约宽37×深26×高8厘米
价格：1990日元

想要保持浴室的整洁就需要悬挂式收纳

我们家的浴室用品基本都会使用悬挂式收纳。洗脸盆装上百元店购买的吊环以后，也很好地用无印良品的不锈钢不易横向偏移S形挂钩悬挂了起来。这样的话，便可以很容易地沥干物品上的水分，而且不容易弄脏。

Amayuru.home

不锈钢
不易横向偏移S形挂钩
大（2个装）
价格：650日元

在垃圾箱底部装上滚轮会让扫除变得更加容易

我在家庭内部装潢设计时唯一关心的便是垃圾箱的摆放位置。因为我不是很喜欢将垃圾箱放在屋外，所以将垃圾箱安放在了处方斜后方的位置。因为那是在家里最深处的地方，所以当需要丢垃圾的时候，就需要走比较多的路程。虽然这点也令我有所顾虑，但是最后还是决定将垃圾箱摆在不显眼的地方。

在这个我十分重视的垃圾箱放置处摆放的是无印良品的可选盖子的垃圾箱　大。这款垃圾箱的盖子是需要另外购买的，并且有横开用和纵开用两款可供选择。我还在它的底部又加装了滚轮，这样我就可以轻松地将垃圾箱从存放处拖出，清理积存在它下方的垃圾了。当然，在天气晴朗的时候，我还可以将拖出，在整个清洗完毕以后摆在后院吹干，从而保持它外观的整洁。

Amayuru.home

垃圾箱放置处是经过专门设计的

1
聚丙烯
可选盖子的垃圾箱
大（30升垃圾袋用）
附带挂袋器
约宽19×深41×
高54厘米
价格：1490日元

2
聚丙烯
可选盖子的垃圾箱用盖
纵开用
约宽20.5×深42×高3厘米
价格：490日元

3
聚丙烯
储物柜用滚轮
4个套装
价格：390日元

如果对扫除用具有讲究的话，那么就选无印良品

照片中的是我们家的扫除用具，从左开始是手持吸尘器、无印良品的地毯除尘器和衣物用除尘器以及羊毛掸子。特别是无印良品的地毯除尘器，外观设计简约大方，即便直接放在起居室也不会显得突兀。想要使用的时候，便可以随时取用，十分便捷。

垃圾箱也选用的是无印良品的产品，虽然是旧款型号，但是果然简约的设计能够很好地融入到任何装潢风格中，并且不会过时，我非常喜欢。当需要进行保养的时候，只需要取下盖子进行清洗并晾干，再用巴氏消毒剂从上到下喷一遍便可以了。

Amari_ppe__

 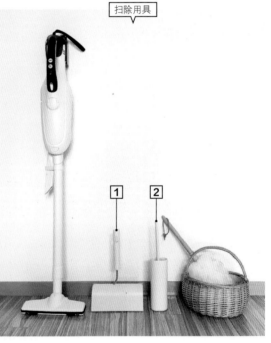

扫除用具

1

2

1

扫除用品系列
地毯除尘器
约宽18.5×直径7.5×高27.5厘米
价格：390日元

2

衣物用除尘器
约宽6×深6×高21厘米
价格：390日元

比倍半碳酸钠水还要厉害?! 无印良品的碱性电解水

之前举办章鱼烧派对的时候，我第一次尝试使用了无印良品的碱性电解水。用喷雾喷完餐桌以后，再用湿抹布进行擦拭，没想到连圆珠笔的痕迹都很轻易地擦除了，之后我还用它清洁了电视柜和电视前的桌子。不论是哪里的污渍，都可以非常干净地去除。

特别是那张被长女用点心和涂鸦弄脏的桌子，上面的污渍全部都很完美地被擦掉了，真的是让我大吃一惊。

在这之前，我一直都是使用倍半碳酸钠水进行打扫的，从此我会根据污渍的具体情况，开始使用碱性电解水来清洁。

Apyokopyokop

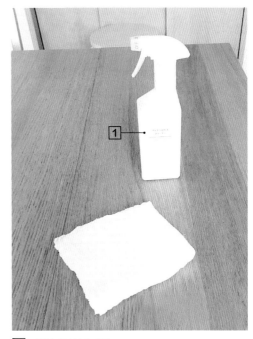

1 碱性电解水清洗喷雾
约400毫升
价格：490日元

阳台的清洁过程中，铁桶的利用率很高且十分耐用

我在清洁阳台的时候，会使用无印良品的铁桶。这款铁桶由职业工匠亲手打造，非常结实耐用。它与孩子放烟花时所使用的塑料桶不同，不会被高热的火花所熔化，而且可以利用的场所也很多。

Apyokopyokop

铁桶　8.2升
价格：1490日元
※只在实体店出售

只是更换一下拖把柄，就可以让扫除变得更加轻松

自从舍弃吸尘器至今已经有四年了，在我们家起到最大作用的扫除用具便是这款地板拖把了。我将拖把柄从铝制换成了木制，只是这样便可以感受到材质的不同，木头的温润感是金属无法比拟的。用了这款木制拖把柄，即便是麻烦的扫除也变得轻松愉快了起来，非常值得。

ADAHLIA ★

扫除用品系列
木短杆
室内用
约直径2×长110厘米
价格：1800日元

灵活小巧的桌上扫帚，可以清扫到最深处

如果一家四口一起生活，那么鞋子的数量将会非常惊人，除了平时使用的以及雨天使用的，还有客人用的拖鞋……鞋子越多，玄关的鞋柜就越容易被弄脏。我们虽然使用了托盘，避免了直接将鞋子摆放在架子上，但是还是无法完全解决尘土的问题。

虽然将鞋子全部取出，用吸尘器一口气打扫干净也不错，但是还是有点麻烦！于是我选用

了无印良品的桌上扫帚，并且还附带簸箕。用它我便可以轻轻松松地将鞋柜里的尘土都扫出来，即便是那些狭窄的位置，甚至是鞋柜的最深处，都可以照顾到。收纳的时候只需要立在一旁便可以了，十分方便。又因为尺寸小巧，所以孩子也可以拿来使用，家里的孩子也变得喜欢帮忙打扫起来。

A阪口YUUKO

连最深处也可以很好地清扫干净

1

桌面扫帚
（附簸箕）
约宽16×深4×高17厘米
价格：390日元

不改动任何物品位置也可以确保让扫除变得轻松的空间

玄关用品其实令人意外地数量众多，如果家里人口较多的话，那么很可能一不小心就会在玄关处堆满了鞋子。但是我还是很想在玄关里放上我的玄关扫除用具！我曾经有过这样的烦恼。

于是我将藤编篮子摆放在玄关，用作玄关用品的收纳。里面收纳有衣物用除尘器、擦鞋套装、纸巾等物品。光是这么做，便使玄关的空间变得宽敞了许多。

在鞋柜的上方变得清爽以后，即便有灰尘积存也可以很快打扫干净了。顺便一提，篮子里放的擦鞋套装中无印良品的鞋油、附带擦鞋布不但价格便宜，而且可以使皮鞋闪闪发光，我个人十分推荐。

Amayuru.home

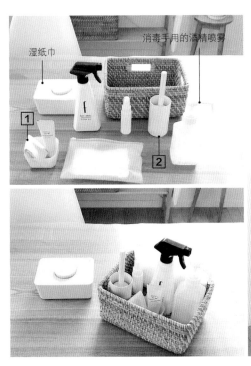

湿纸巾

消毒手用的酒精喷雾

1

2

鞋柜上方十分整洁

1
鞋油
附带擦鞋布
容量45毫升
无色
价格：490日元

2
衣物用除尘器
约宽6×深6×高21厘米
价格：390日元

使用无印良品的省时省力洗涤技巧

只需要多下工夫便可以快速完成，
时间和体力都可以得到节约，
能够产生舒适感的洗涤术。

Category | 洗涤

整理收纳顾问 "cozy-nest细微处着手的生活"
由尾崎友吏子教您
省力的洗涤诀窍

这里

将电熨斗简单地收纳
在起居室的一角

将电熨斗收纳在起居室中，
为了能够很容易地取用，
可以把电熨斗和围棋棋盘、
DVD、游戏等这些在起居
室使用的物品一起收纳在
"可重叠藤编"系列中。

轻松洗涤的诀窍是"一次完成"，这么做可以将时间和体力都最大化节约。推荐全家人一起，都去做自己力所能及的事情

尾崎不但是三个男孩的母亲，同时还在工作。明明日常生活应该非常繁忙才对，但是却可以看到她都十分轻松悠闲地度过每一天。

因为家庭人口众多，所以在儿子稍微长大之后，大量需要洗涤的衣物也曾令她很苦恼。接下来尾崎将会教给大家那些可以令洗涤变得轻松的诀窍。

首先要记在心上的便是"一次完成"。在洗衣机前面挂有洗衣网兜，全家人会各自将自己换洗下来的衣物进行分类摆放。在尾崎家，需要洗涤的衣物不会放进洗衣篮。如果是可以挂在衣架上晾干的衣物的话，那么便会直接丢进洗衣机里清洗。主要是将毛巾等"白色"物品，以及袜子和内裤等"黑色"物品，用无印良品的"洗衣网"进行分类，之后将洗衣网直接丢进洗衣机里清洗，然后再将洗衣网整个搬去阳台晾晒。"只是省去了用手多次反复从洗衣机内拿去衣物放入洗衣篮的过程，就可以使洗涤的节奏变得惊人地顺畅。"尾崎介绍道。

另外，洗涤过程最麻烦的一项工作就是"叠"，关于这点，尾崎也十分聪明地省略了。将那些用衣架晒干的衣物，在晒干之后便直接连衣架一起挂到衣橱中去，故意不"叠"衣服便进行收纳，这么做省时省力，短时间便可以完成，还可以防止衣物变皱。"家里的衣架基本上都是使用的无印良品的铝制衣架。我们家大约一共有100个，因为是五口之家，所以大约是平均每人20个。因为洗涤和收纳都会用到，所以这个程度的量比较适合我们家的情况。"尾崎这么说道。

人物简介

1970年出生于日本神奈川县，常居于大阪。成为主妇已经有20年的时间，育儿经历更是有18年。现在正一边工作，一边作为三个男孩的母亲而生活着。她将那些省事的，能够将家务更加效率化的方法都在部落格"cozy-nest细微处着手的生活"上进行了介绍。并且编写有书籍《让拥有3位孩子的工作母亲的家务劳动和家庭收支变得轻松的方法》《拥有3位孩子的工作母亲的"不为家务所压迫"》（都为KADOKAWA刊出版）等。

家庭成员将各自
需要洗涤的衣物
进行分类

洗衣房的收纳选用了藤编篮子

将挂在衣架上晾干的衣物
直接丢进洗衣机中

"黑色"衣物

"白色"衣物

从洗衣机里取出以后便挂在衣架上！一直吊着收纳

将整个洗涤过程中十分麻烦的"折叠、收纳"环节整个省略。如果是使用衣架进行晾干的衣物的话，那么可以直接用衣架挂在衣橱中进行收纳

1 无印良品的"铝制洗涤用衣架 3个装（宽约41厘米）"（290日元）。因为架子本身很薄，所以挂上衣服以后也不会占用太多空间。因为要挂着湿衣服进行搬运，所以材质轻便十分重要

2 重复购买"洗衣网 大"是尾崎家的特色。"和其他的洗衣网拎起来的手感不一样，而且即便是挂在洗衣机前也可以保持外观清爽"，因此非常喜爱使用

将洗涤过程中麻烦的步骤减半是诀窍。把需要洗涤的衣物用洗衣网进行分类后连网整个进行洗涤，可以挂在衣架上晾干的衣物则在晾干以后连同衣架一起收纳

尾崎家洗涤衣物时必不可少的物品便是无印良品的"铝制洗涤用衣架 三个装（宽约41厘米）"（290日元）和"洗衣网 大"（400日元）。不论是哪一种产品，都有重复购买，由此可见真的是十分喜爱使用。"在我们家，不论是用来晾晒衣服，还是用来收纳衣物，都使用的是这款铝制洗涤用衣架。因为是铝制的衣架，所以比塑料制的衣架更加耐用，不容易因为晾晒时的紫外线或者是风雨而发生老化的现象。"尾崎如此介绍道。另外，因为需要将湿衣服挂起来一起进行搬运的关系，所以衣架要尽量挑选材质较轻的产品。

此外，可以将洗涤的步骤减少的洗衣网也十分实用。尾崎家会将无印良品的洗衣网挂在洗衣机前面来使用，又因为"这个尺寸大小正合适"，所以长久以来都是使用的这款产品。"如果只是作为洗衣网来使用的话，那么相对较便宜的洗衣网也是可以很好地达到目的的。但是果然在整体感觉上还是存在一定差异的，这款无印良品的洗衣网不但可以一次清洗大量衣物，而且外形简洁美观，我非常喜爱"，因此而一直反复购入这款产品。

裤子　　上装　　内衣

袜子

尾崎将儿子年幼时的"换洗套装"进行了重现。藤编材质的篮子用来摆放换洗用的衣物

儿童用的换洗套装以从上到下的穿着顺序进行摆放

换洗的时候，是以内衣、上衣、裤子的顺序进行摆放的。这样可以逐渐培养孩子对衣物的主动管理意识，是日常生活中的一项实用创意

　　洗涤时间缩短的关键是，规定和贯彻"尽可能地全家人分工协作，负责管理好属于自己的衣物"这项家庭制度。在尾崎家，在洗涤前将需要洗涤的衣服进行分类和在洗涤后将洗涤好的衣物进行整理的工作，都是由家庭成员各自完成的。

　　"从我们家孩子小时候开始，我便会注意在整理他们换洗衣物时的套装安排，这样可以培养他们自己穿衣的动手能力。"那些已经晾干的衣物会连同衣架一起摆放在衣橱临时存放处，然后家庭成员会将各自的衣物搬去最终的收纳场所。从晾晒的时候开始，便是根据衣物的所有者进行分类排列的，所以也省去了收取时进行分类的步骤。"袜子、内衣、手帕等，分类过的衣物也会由各人自己整理收拾。内衣以及裤子等都不会进行折叠再收纳，而是直接丢进收纳用的篮子，虽然这个过程显得有些粗枝大叶，但是却简单有效。另外，在收取洗涤好的衣物时，不要将物品堆积在起居室或等房间也是一个关键。只要准备好专门摆放晾晒好的衣物的场所，便可以避免起居室变成堆积没有叠好的衣物的临时放置场所。"

孩子们的区域

丈夫的区域

悬挂刚收取下来的
衣物的空间

基本上都使用 "铝制洗涤用衣架　3个装（宽约41厘米）"（290日元）进行悬挂，"可重叠长方形藤编篮子　中"（1190日元）也被用来储存衣物得到了充分利用

"洗涤结束后，便会收纳至各自的衣橱中。
只要规定好各自的收纳规则的话，不论是
穿衣还是洗涤，都可以很顺利地进行"

在丈夫的衣服的熨烫
上需要花费不少时间

内衣　　　　　熨烫完毕的

1

2

1 丈夫工作时所穿着的衣服被分为内衣和熨烫完毕的两个部分。上班前只需要在内衣和熨烫完毕的中挑选便可，很快便可以配成一套衣服出门

2 领带的收纳使用了 "铝制衣架　领带/丝巾用"（390日元）。领带的花纹可以一目了然，所以早晨挑选的时候也十分便利，可以缩短准备的时间

用外形简约、材质轻便的盒子将洗涤的空间扩大至两倍

整发液、洗面奶、电吹风以及丈夫的剃须用品等，被随意摆放在洗衣房里，实在是非常杂乱无章，因此十分希望可以创造出清爽整洁的洗衣房空间。

这个时候，无印良品的化妆盒便可以派上用场了，同尺寸的化妆盒可以叠加收纳，大大地增加了收纳空间。又因为两种不同高度的化妆盒型号，所以可以应对不同的需求，十分方便。洗衣房的空间变得宽敞以后，晾晒衣服也变得更加容易了。

不进行胡乱的堆积，而是根据使用频率进行分类，将那些使用频率较低的物品存放在下方，然后将那些每天都会使用到的物品摆放在上方进行叠加收纳。顺便一提，我将那些高度较矮的盒子摆放在了玄关，用来存放收取快递时会使用到印章以及拆包裹时需要用到的剪刀。

Aayakoteramoto

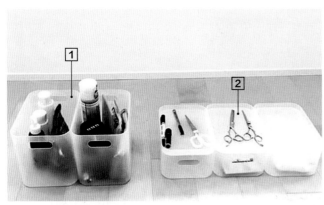

变得宽敞的洗衣房

在玄关也很实用

1 聚丙烯化妆盒
约宽15×深22×高16.9厘米
价格：450日元

2 聚丙烯
化妆盒 1/2横型
约宽15×深11×高8.6厘米
价格：190日元

在浴室的更衣室里，摆放内衣的收纳选用了与白色地板**相配的颜色**，给整个空间带来了统一感

半透明的衣物收纳盒里摆放着内衣以及洗脸用具，一旁的耐压收纳箱则囤放着洗发水以及洗涤剂等物品。

聚丙烯收纳盒　横宽型摆放在浴室的更衣室里也完全不会碍事，而且将洗涤完毕的衣服简单地放进去收纳，非常方便。因为内部深度较浅，所以用来存放内衣就大小正好。一旁的耐压收纳箱为特大尺寸，因为无法从外部看到里面存放的物品，所以可以随意地将物品摆放进去，特别实用。而且因为地板是白色，所以特别适合无印良品的产品，很容易便可以搭配出整体感。一个以白色为基调的，朴实整洁的空间就这么完成了。

Alokki_783

1 聚丙烯收纳盒
抽屉式　横宽型
约宽55×深44.5×高18厘米
价格：1490日元

2 聚丙烯耐压收纳箱
特大
约宽78×深39×高37厘米
价格：2590日元

因为是**朴实无华**的设计，所以更能凸显**洗衣房**的美观

既然已经将更衣室以白色基调做了统一，那么机会难得，我也购买一些无印良品的白毛巾，将隔壁洗衣房的色调进行了配合调整。白色毛巾的尺寸多种多样，有手巾、面巾、浴巾，全部都可以在无印良品购买到。

这款毛巾的质地柔软蓬松，不论洗多少次都一样舒适，所以可以安心地给孩子使用。

铝制洗涤用衣架都被收纳在洗衣房里，型号有大有小，小号衣架用来挂儿童的衣服大小正合适。我最喜欢将它们整整齐齐地被排列在一起收纳，而且看起来闪闪发光，十分漂亮。

Alokki_783

1 面柔软
面巾　薄型　白色
宽34×长85厘米
价格：490日元

2 铝制洗涤用衣架
3个装　约宽33厘米
价格：250日元

善用洗衣篮可以令每天繁重的洗涤工作更加轻松

家庭成员越多，需要洗涤的物品也就越多，于是每天都要无休止地重复着洗涤、晾干、收取、折叠、熨烫……想到这些令人的头疼的家务劳动，我便头疼起来。不过，我在使用了无印良品的不锈钢钢丝筐以后，这种情况得到了一定程度的改变。这款产品光是摆放在那里便看起来十分时尚，是一个很大的筐子。有了它以后，我的洗涤工作也稍微变得轻松了起来，光是将那些洗涤干净的衣物认真地叠好摆放进筐子里，便让人感到心情愉快。当然，那些洗衣房的用品也可以用这个筐子进行收纳。只要将把手向内侧收起，就可以将筐子叠在一起，是一款使用起来十分自由的优秀产品。

再加上无印良品的铝制洗涤用衣架，用它将洗涤干净的衣服进行晾晒，明明是跟之前一样的家务，却能够变得如此轻松愉快起来。

Ameg

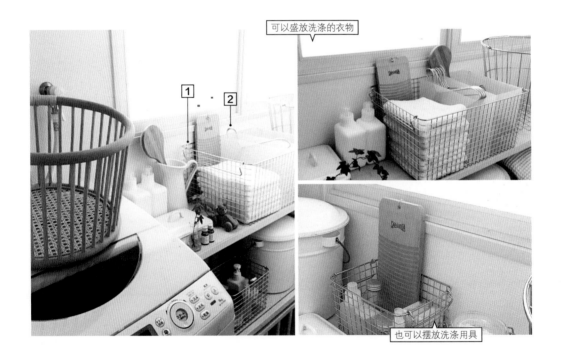

可以盛放洗涤的衣物

也可以摆放洗涤用具

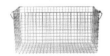

1

18-8
不锈钢钢丝筐7
约宽51×深37×高24厘米
价格：4890日元

2

铝制洗涤用衣架
3个装
约宽41厘米
价格：290日元

使用有深度的篮子可以创造出清洁感

有客人来访的时候总是免不了要去家中的洗手间洗手或者方便，因此，必须切记确保洗手间的清洁感。毛巾、丈夫的剃须用品、自己的卫生用品等如果被人一眼看见就很尴尬了。所以这时候我们就会需要使用一只口比较深的篮子来作为卫生间私人用品的收纳。

在众多选择中，我最中意的便是无印良品的藤编篮子了。它既可以用来临时存放换洗的衣服，又可以在朋友借宿的时候作为浴室的脱衣篮来使用，可以有各种轻松便利的使用方法。另外，不易横向偏移挂钩可以用来悬挂吸尘器，我最近还开始用它来悬挂需要晾干的洗涤用品。相信这种挂钩在各个房间里都可以派上不错的用场。

Aayumi

看起来清爽整洁

将洗涤用品也进行收纳

1

可重叠
长方形藤编篮子　中
约宽36×深26×高16厘米
价格：2890日元
※盖子另外购买

2

不锈钢悬挂式钢丝夹
4个装
约宽2×深5.5×高9.5厘米
价格：390日元

3

不锈钢
不易横向偏移挂钩　大
2个装
约直径1.5×2.5厘米
价格：350日元

在狭窄的洗衣房里只收纳必需品

　　首先必须要提到无印良品的架子，其便利性之高，简直无法用言语表达。因为洗衣房里非常狭窄，所以收纳的问题一直令我十分困扰。因为没有横向宽度，所以必须购买具有一定高度的架子，而无印良品的这款架子，不但够高，而且可以自由地调节架板的位置，按照实际需求轻松地进行各种组合。

　　在抽屉里，我摆放了可以改变高度的无纺布分隔盒，就像是它的名字一样，它由无纺布制成，可以随意地调节高度，所以可以应用于各种收纳盒中。当收纳衣服以及内衣的时候，有了这款分隔盒，便可以进行分隔，从而使收纳更加容易。

　　正因为空间有限，所以更加不能浪费，需要合理规划，将空间的利用率最大化。

Amayuru.home

水桶
软盒
高度正合适
2
3
1
抽屉
内衣等

1

松木材质
单元架
58厘米宽　大
约宽58×深39.5×
高175.5厘米
价格：1万1900日元

2

可以改变高度的
无纺布分隔盒　小　2只装
约宽11×深32.5×高21厘米
价格：690日元

3

聚丙烯
化妆盒　1/4纵型
约宽7.5×深22×高4.5厘米
价格：150日元

只是**摆在一起进行组合**，便可以使洗涤用品以及衣物的收纳更加**便捷**

因为起居室的收纳空间不足，所以我将洗涤用品收纳在了洗衣房里。比较占地方的衣架使用文件盒进行收纳，和方形衣架摆放在一起，这样一摆，便有了洗涤衣物的感觉。另外，无印良品的抽屉式收纳盒（因为尺寸小巧，所以不会占用过多的空间）以及软盒都比外表看起来要结实许多，洗涤后的衣物都可以安心地收纳进去。洗澡时需要用到的毛巾也摆放在架子里，收拾起来十分简单。收纳盒里具体存放的是什么物品，都用标贴进行了标注。这么做了以后，孩子也可以很清楚地知道什么物品要放在哪个抽屉里了。而且拥有数量充足的抽屉也是一件令人愉快的事情。

Akumi

随手一摆便获得了便利

方便的收纳盒

衣架

1

聚丙烯收纳盒
抽屉式
约宽34×深44.5×高18厘米
价格：990日元

2

聚酯纤维棉麻混纺
软盒 长方形 小 纵型
约宽18.5×深26×高16厘米
价格：790日元

3

聚丙烯化妆盒
约宽15×深22×高16.9厘米
价格：450日元

每天顺手做一些"小扫除"，便能更好洗涤衣物

　　因为更衣室兼具有洗衣房的作用，所以虽然很容易积存灰尘，但是还是要绝对保持它的清洁感。

　　小款衣架用来挂儿童服装大小正合适，所以我经常会用它来挂洗涤干净的衣物，拿去晾干。衣服一洗干净，就会用它将衣服挂出去。洗衣房里到处都是空隙，所以内衣以及袜子等较小的衣物很容易弄丢。考虑到这一点，我选择了不用直接摆放在地板上的组合，并且尽可能地使洗衣房的空间更加开阔。

　　正因为每天都要洗涤衣物，所以更希望可以保持这里的美观整洁。平时我便注意在洗涤衣物的同时做一些简单的小扫除，空间变得整洁以后，行动起来也会变得更加容易了。在环境整洁的场所洗涤衣物的话，感觉不只是衣服，连心灵都得到了洗涤。

Amayuru.home

不放置在地板上

与地板之间制造出空隙

1

聚丙烯收纳盒
抽屉式　深型　灰白色
约宽26×深37×高17.5厘米
价格：990日元

2

聚酯纤维棉麻混纺
软盒　长方形　中
约宽37×深26×高26厘米
价格：1190日元

3

铝制洗涤用衣架
3个装
约宽41厘米
价格：290日元

可以安装在任何地方并能够确保清洁的**收纳小物品**

橡木材质的挂钩很容易安装。像是更衣室这样狭窄的空间，想要在这里摆放洗涤剂等小物品时，就可以在挂钩上挂上收纳包。在打开洗衣机的时候，立刻就可以从一旁的包中取出洗涤用品倒入，十分方便。

Amayuru.home

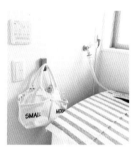

壁挂式家具
挂钩
橡木材质
约宽4×深6×高8厘米
价格：890日元

需要特别注意的**婴儿用品**，可以使用只需认真清洗便会洁净的盒子

在婴儿床的下方都是照顾婴儿的用品。无印良品的化妆盒在仔细清洗消毒以后放入了纱布。难得清洗干净的盒子，当然想收纳在漂亮的地方。

Aayumi

聚丙烯化妆盒1/2
约宽15×深22×高8.6厘米
价格：350日元

备齐**衣架**以后，洗涤衣物变得更轻松了

在晾晒衣物和整理衣架的时候，只是看着这些衣架被整理到一起，便不禁产生出愉快的心情。方形衣架是不锈钢制品，所以不会出现生锈的问题，架子的数量也够多，晾晒功能超群。

Alokki_783

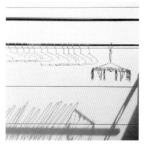

铝制洗涤用衣架
3个装
约宽33厘米
价格：250日元

不锈钢
方形衣架　小
约35.5×28厘米
附带18个夹子
价格：2490日元

灵活运用具有一定深度的盒子，让浴室更加整洁

基本上洗手间的空间都不会太大，使用具有一定深度的盒子就可以将那些散乱在洗手间里的化妆品等小物品都收纳进去。我们家的浴室在使用了这款盒子以后，环境变得更加宽敞整洁了，令我更有在这里洗涤衣物的欲望。

Ayumi

1
聚丙烯
文件盒
标准型
灰白色
1/2
约宽10×深32×高12厘米
价格：390日元

如果想快速晾干洗涤好的衣物，在**房间**里晾干也是一个不错的选择

如果持续下雨的话，就必须每天在房间里晾干衣服了。这种时候就需要使用无印良品的空气循环风扇，来快速地晾干衣服。虽然它的体积不大，但是具有良好的空气循环性能，如果和空调一起使用的话，洗好的衣物很快便会晾干了。而且这款风扇是低噪音风扇，真的基本上不会注意到它的声音。

方形衣架使用了比塑料材质更加耐用的聚酯碳酸，总而言之，特别结实。夹子的数量也足够多，实用性十分令人满意。有了这些工具，原本给人不好印象的屋内晾干也变得令人心情愉快起来，而且房间内的样子也发生了变化。

Amayuru.home

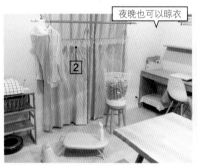

夜晚也可以晾衣

1 空气循环风扇（低噪音风扇）白色
型号：AT-CF18R2-W
价格：2730日元
※照片中为旧款商品的样式

2 铝制方形衣架　大　聚酯碳酸夹子样式
约51.5×37厘米
附带40个夹子
价格：2800日元

不从**衣架**上取下，而是直接挂进**衣橱**，节省了时间

不论是将衣服挂进衣橱里的时候，还是将衣服挂在户外晾晒的时候，无印良品的铝制衣架都派上了很大的用场。这款衣架有不会破坏衣服肩部效果的形状，总之，不但好用而且美观，是非常优秀的产品。特别是在冬季，厚实的衣服开始变多，想要衣橱里维持清爽整洁的话，就需要用到大量这样的衣架。

最令人欣喜的是，它可以在衣服晾干以后直接挂进衣橱里，这样便缩短了整理的时间，提高了家务劳动的效率，减轻了我的负担。

Aayumi

宽松的橱内空间

冬天的衣服也很清爽

1 铝制洗涤用衣架　3个装
约宽41厘米
价格：290日元

整齐地排列

这个形状可以便捷地晾干衣服

洗干净以后的衣服真的很漂亮。相信绝大多数人都会觉得洗涤衣物很麻烦，但是看到那些洗净晾干的衣物的时候，又会觉得十分开心。无印良品的衣架，即便不将领口撑开，也可以将T恤很轻松地挂上去。因为是塑料材质，所以整体很轻。

A阪口YUUKO

漂亮地收纳

1
聚丙烯
洗涤用衣架
衬衫用
3个装
约宽41厘米
价格：250日元

有了这个熨斗，便可以将洗完的衣服都熨烫平整

无印良品的运动极具灵活性，虽然是便携式的，但是性能上已经完全足够。收完洗净晾干的衣服以后便可以插上电源，用它来熨烫。这个熨斗整体只有400克，十分轻便，使用起来也很简单轻松。

Ameg

便携式熨斗
型号：TPA-MJ211
价格：3990日元

只要挂着收纳，衣服就不会起皱了

在收纳衣服的时候，可以将衣服按照使用频率分为使用频率高的衣服和使用频率低的衣服。那些经常穿的衣服可以使用无印良品的铝制衣架挂着排列起来，以方便取用。在晾干以后直接悬挂收纳也节约了不少时间。

Akumi

铝制洗涤用衣架　3个装
约宽41厘米
价格：290日元

各种**洗涤用具**只要按种类分别收纳，使用时便会十分方便

每天都必须做的家务之一就是洗涤，而洗涤用品有衣架、洗涤衣夹、被褥夹等，会有很多被闲置，如果不好好进行整理的话，等真正要用的时候就可能会很麻烦。

我们家会使用无印良品的化妆盒将洗涤用的夹子进行分类收纳。化妆盒的尺寸也有许多，可以根据具体收纳的物品来进行挑选。这么做的话，等到出现了"想要使用那个大小的洗涤夹子！"

这样的想法的时候，就可以立刻伸手取到，节省了一只只寻找的时间。

另外，方形衣架上设计上十分紧凑，不会占用太大空间，相当实用。而且用它来晾晒衣物的时候，上面附带大量的夹子，极具功能性，真的是帮了大忙。

Apyokopyokop

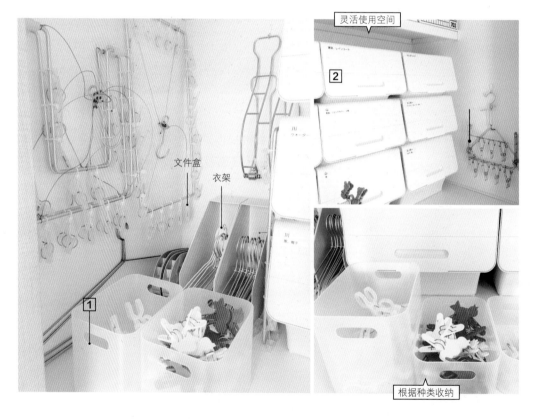

灵活使用空间

文件盒

衣架

1

2

根据种类收纳

1

聚丙烯化妆盒
约宽15×深22×高16.9厘米
价格：450日元

2

不锈钢
方形衣架
小
约35.5×28厘米
附带18个夹子
价格：2490日元

只需"穿过"便可以!
重视功能性的衣架,省去了麻烦

我其实是一个相当懒散的人,想到这些衣服在洗涤完毕以后需要挂到衣架上,在晾干以后又要从衣架上取下来,真的十分浪费时间。有没有什么办法可以让这一过程更加轻松呢? 就在这时,我与无印良品的这款衣架相遇了。

我们家有很多T恤和针织衫,所以每天需要洗涤的衣物的量很大。但是自从有了这款只需要穿过领口便可以挂上的衣架,洗涤的工作变得轻松了许多。而且不用担心会很轻易地从衣架滑落,也不会害怕衣架会破坏衣服的版型,还能够直接挂到衣橱里进行收纳,外观也十分整洁大方。虽然是塑料材质,但是质地非常结实,相信可以使用很久。顺带一提,我个人很喜欢塑料质感带来的温度。

阪口YUUKO

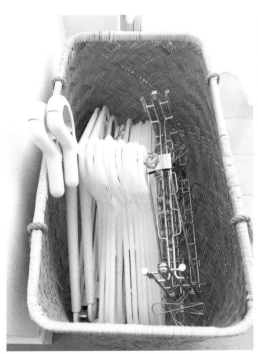

整齐地排列

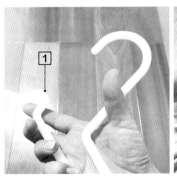

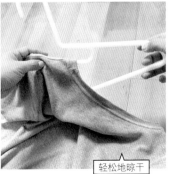

轻松地晾干

1

聚丙烯
洗涤用衣架
衬衫用
3个装
约宽41厘米
价格:250日元

如何使用无印良品

将便利的无印良品的产品介绍给读者们的各位达人。他们将在怎样的家庭环境里，如何使用这些产品的技巧都教给了大家！请一定参考并尝试一下那些让您觉得"真好啊"的创意。

Instagram用户
mari_ppe_
兵库县
丈夫（三十七岁）和长女（十岁）、长子（六岁）
全职主妇

mari_ppe_以在短时间内将房间打扫整理干净为目标，在配置出能够轻松整理玩具、学习工具、报纸等物品的行动路线方面颇有心得。因为使用了开放式架子的关系，所以变得很喜欢家里的厨房，并且还在考虑之后的改造计划。

https://www.instagram.com/mari_ppe_/

部落格博主
ayakoteramoto
神奈川县
丈夫和两名孩子（三岁和六岁）的四口之家
插图画家、写作行业

在2016年，住在二手公寓里的ayakoteramoto，因为使用了无印良品的产品进行收纳整理和区域划分，从那以后便开始对北欧风格产生了一定的兴趣，并且逐渐将家中的环境和无印良品的产品融合到一起。

http://www.simple-home.net/

部落格博主
DAHLIA★
神奈川县
和丈夫的两口之家
主妇

以将多余的物品进行断舍离为契机，开始了只保留自己真正喜欢的物品为生活方式的DAHLIA★，并不是单纯地将家中的物品减少，而是杜绝浪费，将必须的部分进行充分有效地利用，每一件无印良品的产品都在她现在的生活中得到了很好地利用。

http://xn--eckub9eg4gl8c.jp.net/

Instagram用户
ayumi
大分县
丈夫和长女（四岁）、长子（零岁）的四口之家
主妇

ayumi一直都是以"现在"的"我"所必需的物品为立足点进行考虑，进行她的断舍离生活，在经过一番考量以后再进行物品的选择更能令人心动。无印良品的收纳用品大多具有良好的外观设计，即便直接摆放在室内也不会显得突兀，所以她十分喜爱。ayumi过着不摆放不必要物品的极简生活。

https://www.instagram.com/ayumi_201/

Instagram用户
kumi
丈夫和长女（五岁）和长子（两岁）的四口之家
专门职业

在繁忙而又充实的日常生活中，kumi总是在思考着如何让家人的生活更加舒适。如果觉得家中的物品过多的话，立刻就会以断舍离的形式进行整理。为了创造出可以保持家人的健康、富足、笑容的空间，选择使用天然材质的无印良品产品已经成为她生活中的一部分。

https://www.instagram.com/kuuumiii1015/

Instagram用户
meg

meg喜欢木制的物品和白色的物品，因此她的家中充满了漂亮的整体感。不断有人被她拍摄的家中房间环境的美丽照片所吸引。meg表示，之所以会选用兼具设计感和实用性的无印良品的产品，是因为她想要被自己所喜爱的东西包围，让每件物品都在自己家中闪耀着光芒。

https://www.instagram.com/brooch.m/

Instagram 用户
yu.ha0314

yu.ha0314以不过度消费，保持简单朴实的生活为准则，将家里整顿得十分美观整洁。收纳场所太少的话，就自己动手创造。即便是有限的空间，在使用了无印良品的收纳工具以后也可以进行有效的区域划分，将房间整理得井井有条，这也是她喜爱无印良品的原因。

https://www.instagram.com/yu.ha0314/

Instagram 用户
mayuru.home

九州
丈夫和长子（五岁）、次子（三岁）的四口之家
医疗相关

简单易懂，取用方便，这便是mayuru.home的追求。无印良品的产品，外观设计简约大方，即便直接摆放在房间内也不会破坏周围的环境美感。特别是那些觉得麻烦的扫除工作，因为有了这些道具，而变得有了干劲。

https://www.instagram.com/mayuru.home/

博主
阪口YUUKO

滋贺县
丈夫和长子（十二岁）、长女（十岁）的四口之家
整理顾问

阪口YUUKO是一名整理顾问，她十分喜欢无印良品扫除用具的不占用空间以及可以折叠的设计。为了让全家人都可以自己打扫房间，所以将工具直接摆放在房间内。因为无印良品的产品设计具有一定的装饰性，所以就算这么做也完全没有问题。

http://sakaguchiyuko.bloy.jp/

Instagram 用户
nika

丈夫和长女（四岁）的三口之家

为了缩短打扫的时间，nika将使用设计简约大方无印良品产品作为日常生活的一部分。定制出任谁都可以很容易地做到的家庭规则，并且在家中实践着。并且编写有《轻松又清爽！简单的家务》(扶桑社)。

https://www.instagram.com/nika.home/

Instagram 用户
lokki_783

兵库县
丈夫和长子（七岁）、次子（两岁）
主妇

lokki_783所使用的收纳以及扫除用具基本都是无印良品的产品。因为这些物品的颜色统一，所以产生了整体感，在使用这些工具进行打扫的时候会更有干劲，而且使用自己喜欢的扫除用具可以让打扫的过程更加轻松愉快。无印良品让家务变得更加简单。

https://www.instagram.com/lokki_783/

Instagram 用户
pyokopyokop

埼玉县
丈夫和长女（四岁）、次女（一岁）的四口之家
公司职员

pyokopyokop的目标是过清爽和简单的生活。一天一处，一定将平时没有打扫的地方进行打扫，晚上则会为了次日早晨做准备而打扫厨房，并且制定规则执行家务。无印良品的产品设计大多简单大方，即便直接摆放在房间内也没有任何问题，因此十分喜爱。

https://www.instagram.com/pyokopyokop/

图书在版编目（CIP）数据

无印良品的舒适居家指南 ／（日）株式会社无限知识著；娄思未译. —武汉：华中科技大学出版社，2019.4
ISBN 978-7-5680-5051-7

Ⅰ.①无… Ⅱ.①株… ②娄… Ⅲ.①家庭-生活-指南 Ⅳ.①TS976.3-62

中国版本图书馆CIP数据核字（2019）第049091号

MUJIRUSHI RYOHIN NO KATAZUKE SOUJI SENTAKU
© X-Knowledge Co., Ltd. 2018
Originally published in Japan in 2018 by X-Knowledge Co., Ltd.
Chinese (in complex character only) translation rights arranged with X-Knowledge Co., Ltd. TOKYO,
through g-Agency Co., Ltd, TOKYO

简体中文版由X-Knowledge授权华中科技大学出版社有限责任公司在中华人民共和国境内（但不含香港、澳门和台湾地区）出版、发行。
湖北省版权局著作权合同登记　图字：17-2019-015号

无印良品的舒适居家指南
Wuyinliangpin de Shushi Jujia Zhinan

[日] 株式会社无限知识　著　娄思未　译

出版发行：华中科技大学出版社（中国·武汉）	电话：(027) 81321913	
北京有书至美文化传媒有限公司	(010) 67326910-6023	
出　版　人：阮海洪		

责任编辑：莽　昱　康　晨
责任监印：徐　露　郑红红　封面设计：秋　鸿

制　　作：北京博逸文化传播有限公司
印　　刷：联城印刷（北京）有限公司
开　　本：787mm×1092mm　　1/16
印　　张：8
字　　数：55千字
版　　次：2019年4月第1版第1次印刷
定　　价：79.80元